ICDL 高级文书处理

课程大纲 2.0

学习材料（MS Word 2016）

ICDL 基金会　著

ICDL 亚　洲　译

U0321363

东南大学出版社
SOUTHEAST UNIVERSITY PRESS

·南京·

图书在版编目(CIP)数据

ICDL 高级文书处理/爱尔兰 ICDL 基金会著;ICDL
亚洲译. —南京:东南大学出版社,2019.6
书名原文:Advanced Word Processing
ISBN 978-7-5641-8356-1

Ⅰ.①I… Ⅱ.①爱…②I… Ⅲ.①办公自动化—
应用软件—教材 Ⅳ.①TP317.1

中国版本图书馆 CIP 数据核字(2019)第 061137 号

江苏省版权局著作权合同登记
图字:10-2019-051

ICDL 高级文书处理(ICDL Gaoji Wenshu Chuli)

出版发行:东南大学出版社
社　　址:南京市四牌楼 2 号　　　　邮　　编:210096
网　　址:http://www.seupress.com
出 版 人:江建中

印　　刷:南京京新印刷有限公司
开　　本:700 mm×1000 mm　1/16
印　　张:10.25
字　　数:202 千
版　　次:2019 年 6 月第 1 版
印　　次:2019 年 6 月第 1 次印刷
书　　号:ISBN　978-7-5641-8356-1
定　　价:45.00 元

经　　销:全国各地新华书店
发行热线:025-83790519　83791830

说　　明

ICDL 基金会认证科目的出版物可用于帮助考生准备 ICDL 基金会认证的考试。ICDL 基金会不保证使用本出版物能确保考生通过 ICDL 基金会认证科目的考试。

本学习资料中包含的任何测试项目和(或)基于实际操作的练习仅与本出版物有关,不构成任何考试,也没有任何通过官方 ICDL 基金会认证测试以及其他方式能够获得认证。

使用本出版物的考生在参加 ICDL 基金会认证科目的考试之前必须通过各国授权考试中心进行注册。如果没有进行有效注册的考生,则不可以参加考试,并且也不会向其提供证书或任何其他形式的认可。

本出版物已获 Microsoft 许可使用屏幕截图。

European Computer Driving Licence,ECDL,International Computer Driving Licence,ICDL,e-Citizen 以及相关标志均是 The ICDL Foundation Limited 公司(ICDL 基金会)的注册商标。

前　　言

ICDL 高级文书处理

提升自己在最常用的计算机应用程序方面的能力是提升职业能力的重要一步。ICDL 高级文书处理课程能够展示您在文档处理方面的专业知识。完成此模块后，能够提高您的文书处理质量，并节约创建、制作、审阅和分发复杂文件所需的时间。

完成高级文书处理模块学习后，考生将能够：
- 应用高级文本、段落、列和表格式。
- 实现文本和表格的相互转换。
- 使用引用功能，如脚注、尾注和标题。
- 创建目录、索引和交叉引用。
- 使用域、表单和模板，提高工作效率。
- 应用高级邮件合并技术，并使用自动化功能（如宏）。
- 使用链接和嵌入功能集成数据；整理和查看文档；使用主文档和子文档；应用文档和安全功能。
- 在文档中使用水印、节、页眉和页脚。

学习高级文书处理模块有何意义

完成 ICDL 高级文书处理课程的学习后，您将更加自信、高效和有效地使用文书处理应用程序。它将证明您已经掌握此应用程序，并能使创建和编辑的文档更加专业。掌握了本书提供的技能和知识后，有可能通过该领域国际标准认证——ICDL 高级文书处理。

如需了解本书每一个部分中涵盖的 ICDL 高级文书处理课程大纲的具体内容，请参阅本书末尾的 ICDL 高级文书处理课程大纲。

如何使用这本书

本书涵盖了 ICDL 高级文书处理课程的全部内容。它介绍了重要的概念，并列出了使用应用程序中各种功能的具体步骤。您还可以使用"Student"文件夹（扫描封底二维码获取）中提供的示例文件进行相关练习。为了方便反复练习，建议不要将更改保存到示例文件中。

目　　录

第 1 课

修改文字格式

在本节中,您将学习以下内容:

- 应用多级列表编号
- 修改多级大纲编号
- 创建字符样式
- 修改和更新字符样式
- 创建段落样式
- 修改和更新段落样式
- 自动调整文本格式
- 自动图文集
- 应用分栏显示
- 更改栏宽和间距
- 插入/移除分栏之间的分割线
- 插入域
- 更新域
- 创建水印
- 使用高级页面布局选项
- 使用查找和替换选项
- 使用选择性粘贴选项按钮
- 使用段落分页选项
- 保护 Word 文档

1.1 应用多级列表编号

概念

多级列表功能用于显示不同级别的缩进项目列表。

步骤

在"Student"文件夹中打开 **PRDLIST. docx**。

在多级列表中添加项目符号或数字。必要时可以查看"产品功能"标题下的所有文本。

1. 选择要添加项目符号或数字的列表项。 文字拖动时会突出显示。	选择从 **手机** 到 **喷墨技术** 的整个列表
2. 释放鼠标按钮。 选择文本。	释放鼠标按钮
3. 如果需要，选择**开始**选项卡。 显示**开始**选项卡。	单击**开始**选项卡
4. 选择**段落**命令组中的**多级列表**按钮组。 **多级列表库**打开。	单击 〔1 ─ 　　a ─ 　　i ─〕
5. 从**多级列表库**的**列表库**部分选择所期望的多级列表样式。 **多级列表库**关闭，所选样式应用到选定的文本。	单击 〔1) ─ 　　a) ─ 　　i) ─〕

单击文档中的任意位置可以取消选择列表。

1.2　修改多级大纲编号

步骤

修改多级列表。

必要时滚动并查看"**产品功能**"标题下的所有文本。

1. 选择要编辑的列表项。 　　文字拖动时会突出显示。	选择从**手机**到**喷墨技术**的整个列表
2. 释放鼠标按钮。 　　选择文本。	释放鼠标按钮
3. 如果需要,选择**开始**选项卡。 　　显示**开始**选项卡。	单击**开始**选项卡
4. 选择**段落**中的**多级列表**按钮组。 　　**多级列表**库打开。	单击 $\begin{matrix} 1\ \rule{1cm}{0.4pt} \\ a\ \rule{1cm}{0.4pt} \\ i\ \rule{0.6cm}{0.4pt} \end{matrix}$
5. 从库中选择所需的选项。 　　**定义新的多级列表**对话框弹出。	单击**定义新的多级列表**
6. 选择**此级别的编号样式**下的**下拉箭头**。 　　显示数字样式列表。	单击　此级别的编号样式(N): 　　　　1, 2, 3, ... ⌄
7. 从列表中选择一个数字样式。 　　选择所需的数字样式。	单击 I , II , III ……
8. 在**文本缩进位置**框中输入所需的文本缩进。 　　在框中输入所需的文本缩进值。	在**文本缩进位置**框中输入 **1. 27 厘米**
9. 选择**确定**按钮。 　　对话框关闭,并应用数字格式。	单击**确定**按钮

单击文档中的任意位置可取消选择列表。

1.3 创建字符样式

💡 概念

样式可帮助您保持文档中的格式一致。样式一组预先定义好的多种格式的集合，可以一键式应用于所选文字上。

👣 步骤

在"Student"文件夹中打开 **PRDLIST. docx**。

要创建新样式，可以设置相关文本格式，然后根据该格式创建样式。

1. 选择**开始**选项卡。 　　显示**开始**选项卡。	单击**开始**选项卡
2. 高亮显示要应用新样式的文本。 　　拖动文字时会突出显示。	高亮显示**产品-按销售订单**
3. 按需要格式化文本。 　　文本按照新样式的格式设置	应用**粗体**和**斜体**

（续表）

4. 选择**样式**命令组下拉三角形按钮。 　　显示**样式子菜单**。	AaBbC　*AaBbCcD*　*AaBbCcD* 副标题　　不明显强调　　强调
5. 单击**创建样式**命令。	创建样式(S) 清除格式(C)
6. 出现**根据格式化创建新样式**对话框。 　　输入样式名称。	输入**特殊注释**
7. 单击**修改……**，然后从中选择 　　**样式类型**：下拉列表中选择字符。 　　字符选项被选中。	单击字符
8. 选择**确定**。 　　创建新样式。	单击**确定按钮**

新样式已创建并在库中显示为选项。

1.4 修改和更新字符样式

步骤

编辑现有样式。

1. 选择**开始**选项卡。 　 显示**开始**选项卡。	单击**开始**选项卡
2. 单击以启动样式任务窗格。	AaBbC AaBbCcD(AaBbCcD(副标题　　不明显强调　　强调
3. 右击鼠标,在弹出的菜单中单击样式名称。	右击鼠标,单击**特殊注释**命令
4. 单击**修改**命令。	更新 特殊备注 以匹配所选内容(P) 修改(M)... 全选(S): (无数据) 全部删除(R): (无数据) 删除"特殊备注"(D) 从样式库中删除(G)
5. 出现**修改样式**对话框。 　 继续修改特定的样式:字体、段落、标签等。	应用字体 Times New Roman
6. 单击**确定**。	单击**确定**按钮

现有样式已更新。请注意,文档中具有此样式的文本的所有实例已更新。

关闭 **PRDLIST. docx**,不保存更改。

1.5   创建段落样式

💡 概念

段落样式包含可应用于文档中一个或多个段落的字符和段落格式属性。

👣 步骤

在"Student"文件夹中打开 **PRODUCT. docx**，创建一个段落样式。

1. 选择**开始**选项卡。 显示**开始**选项卡。	单击**开始**选项卡
2. 高亮显示要应用新样式的文本。 文字拖动时会突出显示。	拖动并选择传送
3. 在**样式**组中选择**样式**对话框启动器。 显示**样式**窗格。	点击 **AaBbC** *AaBbCcDc AaBbCcDc* 副标题 不明显强调 强调
4. 在**样式**窗格上选择**创建样式**按钮。 显示**从格式创建新样式**对话框。	单击 **A** 按钮
5. 在**名称**框中输入样式的名称。 在**名称**框中输入所需的样式名称。	在**名称**框输入 **StyleB**。
6. 选择**修改**……按钮启动从格式设置创建新样式框。 打开具有更多选项的扩展窗口。	单击**修改**按钮
7. 从**样式类型**下拉列表中选择要应用的样式类型。 选择样式类型。	从**样式类型**列表中选择**段落**

（续表）

8. 选择**格式**按钮，定义段落的格式。 　显示**格式段落**对话框。	单击**格式**
9. 定义段落的格式。使用格式段落按钮将行间距增加 　到 20 磅。	单击**段落→行距→固定值→20 磅**
10. 单击**确定**按钮两次。 　　关闭对话框，并将段落样式应用于所选文本。	单击 [确定] 按钮

格式化段落时可以设置不同类型的行距。默认样式为**单倍行距**，但也可以选择**1.5 倍行距**、**2 倍行距**、**最小值**、**固定值**和**多倍行距**。后面的三个选项在设置行间距时给出了更多定义的选项：

1. **最小值**：此选项可以选择最小行距（以字体大小的磅为单位）。

2. **固定值**：此选项可以选择固定行距。

3. **多倍行距**：此选项可以选择以**行数**为单位的多倍行间距。

1.6 修改和更新段落样式

⏩ 步骤

修改和更新段落样式。必要时，显示样式窗格。

1. 选择使用要修改的样式的文本。 　选择格式化文本。	拖动并选择**付款**
2. 在**样式**窗格中选择**管理样式**按钮。 　显示**管理样式**对话框。	单击 [ ] 按钮

（续表）

3. 单击**修改**按钮。 显示**修改样式**对话框。	单击**修改**按钮
4. 单击**下画线**按钮。 **下画线**按钮被激活。	单击 **U** 按钮
5. 选择**确定**按钮关闭**修改样式**对话框。 **修改样式**对话框关闭。	单击**确定**按钮
6. 选择**确定**按钮关闭**管理样式**对话框。 **管理样式**对话框关闭,所选样式将随更改一起更新。	单击 确定 按钮

关闭 **PRODUCT. docx**,不保存更改。

1.7　自动调整文本格式

概念

保持文档格式一致可节省时间,并为文档提供特定的外观。您可以在 Word 使用**输入时自动设置格式**,以便在完成文档时轻松设置文档格式。

步骤

打开一个空白的文件。

1. 打开**后台视图**。 显示**后台视图**。	单击**文件**选项卡
2. 打开 Word **选项**对话框。 显示 Word **选项**对话框。	单击**选项**菜单

（续表）

3. 选择**校对**选项。 出现**校对**设置。	单击**校对**选项
4. 选择**自动更正选项**按钮。 出现**自动更正选项**。	单击 自动更正选项(A)... 按钮
5. 选择**自动套用格式**或**键入时自动套用格式**标签。	单击**自动套用格式**
6. 选择必要的更改。 根据您的喜好在选择框中进行选择。	单击相应的设置
7. 进行更改。 更改完成。	单击**确定**按钮

1.8 自动图文集

💡 概念

自动图文集是 Word 中的一项功能，允许插入具有特定格式的重复短语、单词或段落，确保准确性，可帮助您在工作中变得更加高效。要设置此功能，必须将文本条目添加到自动更正对话框中。

👣 步骤

创建自动更正条目。在"**Student**"文件夹中，打开 **DRAW2. docx**。

1. 选择文字，从 **We are pleased to extend** 一直选择到 **Conservation Award** 后的段落空间。 文字突出显示。	突出显示文字

（续表）

2. 打开**插入**选项卡。 　 显示**插入**选项卡。	单击**插入**选项卡
3. 选择**文档部件**按钮,然后**将所选内容保存到文档部件库**。 　 出现新建构建基块对话框。	单击 按钮
4. 在进入下一步之前,填写表格下面的信息。	填写对话框的信息
5. 保存新的自动图文集基块。 　 自动图文集条目被保存。	单击**确定按钮**
6. 打开一个新的空白文件。 　 显示一个空白文档。	打开一个空白的文件
7. 打开**插入**选项卡,然后单击**文档部件**按钮。 　 更改完成。	单击**插入→文档部件**
8. 将光标放在**自动图文集上**,滚动选择所需的条目。 　 条目输入到文档中。	点击 Invitation 自动图文集

名称:邀请。

库:自动图文集。

类别:一般。

说明:邀请参加年度颁奖晚宴。

保存:正常。

选项:仅插入内容。

关闭文档而不保存更改。

创建后,如需更新或发现错误,您可以修改自动图文集条目。

如有必要,可打开 **DRAW2. docx**。

1. 将日期 **9 月 11 日** 改为 **10 月 9 日**，时间**晚上 7 点**改为**晚上 9 点**，着装要求运动型改为正式。然后再突出显示文字 **We are pleased to extend** 直到 **Conservation Award** 之间的段落。 文本被编辑和选择。	编辑并选择文字
2. 打开**插入**选项卡。 显示**插入**选项卡。	单击**插入**选项卡
3. 选择**文档部件**按钮，然后选择**将所选内容保存到文档部件库**。 出现新建构建基块对话框。	单击 文档部件 按钮
4. 如前所述填写上表中的信息，然后转到下一步。	填写对话框的信息
5. 更新自动图文集块。 确认要更新自动图文集条目。	单击**确定**按钮

现在，自动图文集条目已更新并匹配所做的更改。

要删除自动图文集条目：

1. 打开**插入**选项卡。 显示**插入**选项卡。	单击**插入**选项卡
2. 选择**文档部件**按钮，然后选择**构建基块管理器**。 出现**构建基块管理器**对话框。	单击 文档部件 按钮
3. 选择要移除的基块。 选择被突出显示。	滚动（如有必要）并选择**邀请**
4. 选择**删除**并选择**是**确认。 自动图文集条目被删除。	单击**删除**按钮，然后单击**是**

单击关闭返回到文档。关闭 **DRAW2.docx** 而不保存更改。

1.9　应用分栏显示

💡 概念

分栏显示用于在文档的每个页面上以两栏或多栏显示信息,如杂志或报纸的布局。

👣 步骤

在"Student"文件夹中打开 **COLUMNS. docx** 并选择整个文档。

1. 选择**布局**选项卡。 显示**页面设置**选项卡。	单击**布局**选项卡
2. 选择**页面设置**组中的**分栏**按钮。 **分栏**菜单打开。	单击 **分栏** 按钮
3. 选择所需的栏数。 文档文本显示在所选栏数中。	单击**两栏**命令

实践:为了保持页面平衡,在文档中插入一个分栏符。将光标放在"The Roll n Relax Holiday Tours is staffed by an all-Asian crew"段落开头,单击布局选项卡上的分隔符按钮,并单击分栏符命令。

要删除分栏符,切换到草稿视图,单击文档中的分栏符,然后按键盘上的 **Delete** 键。

1.10 更改栏宽和间距

步骤

更改栏宽和间距。

1. 选择**布局**选项卡。 显示**页面设置**选项卡。	单击**布局**选项卡
2. 选择**页面设置**中的**分栏**按钮组。 **分栏**菜单打开。	单击 分栏 按钮
3. 从菜单中选择所需的选项。 出现**分栏**对话框。	单击**更多分栏……**命令
4. 如果需要,请取消选择**栏宽相等**复选框。 **栏宽相等**选项被取消选择。	取消选择 ☑ 栏宽相等(E)
5. 选择**宽度**框。 光标出现在**宽度**框中。	单击**宽度**框内
6. 输入所需分栏的宽度。 在框中输入所需的宽度。	在**宽度**框输入 **7.24 厘米**
7. 选择**间距**框。 光标出现在**间距**框中。	在**间距**框内单击
8. 输入所需的分栏间距。 在框中输入所需的分栏间距。	在**间距**框中输入 **0.76 厘米**
9. 选择**确定**按钮。 分栏对话框关闭,设置将应用于文档。	单击**确定**按钮

1.11　插入/移除分栏之间的分割线

步骤

在分栏之间添加分割线。

1. 选择**布局**选项卡。 显示**页面设置**选项卡。	单击**布局**选项卡
2. 选择**页面设置**中的**分栏**按钮组。 **分栏**菜单打开。	单击 **分栏** 按钮
3. 选择**更多分栏**命令。 分栏对话框打开。	单击 **更多分栏(C)…** 命令
4. 选择**分隔线**复选框。 **分隔线**复选框被选中,并在**预览**框中显示分栏之间的分割线。	勾选 □ **分隔线(B)** 复选框
5. 选择**确定**。 分栏对话框关闭,文档中的每个分栏之间显示分隔线。	单击 **确定** 按钮

关闭 COLUMNS. docx 而不保存。

1.12　插入域

概念

Word 使用域自动在文档中输入特定类型的信息,如作者、文件名和路径、文件大小、填充/输入、页码、目录和执行计算。Word 的文档部件功能有域选项,可用于手动插入域。

📖 步骤

在"Student"文件夹中打开 **FIELDS. docx**。

如有必要,请单击标题 **Sales Report** 下的 **File Name**:

1. 选择**插入**选项卡。 显示**插入**选项卡。	单击**插入**选项卡
2. 在**文本**组中选择**文档部件**按钮。 该**文档部件**菜单打开。	单击 **文档部件** 按钮
3. 从菜单中选择所需的选项。 显示**域**对话框。	单击**域**命令
4. 从**域**名称列表中选择要插入的域。 选择域名称。	单击 **FileName**
5. 选择**确定**按钮。 域对话框关闭,文件名 FIELDS 插入到文档中。	单击 **确定** 按钮

1.13 更新域

📖 步骤

如果要使用另一个文件名保存文档的副本。**FileName** 域必须更新以显示此更改。

1. 选择**文件**选项卡。 在后台视图中打开。	单击**文件**选项卡
2. 从菜单中选择一个选项。 选择所需的选项。	单击**另存为**命令
3. 在**文件名**框中输入所需的文件名。 在**文件名**框中输入文件名。	输入文件名 **SR2011**
4. 选择**保存**按钮。 **另存为**对话框关闭,文件名称更改。	单击 保存(S) 按钮
5. 选择文件名右侧的 **FIELDS**: 选择该域。	选择文件名 **FIELDS**
6. 按键盘上的 **F9** 键。 该域被更新并显示新的文件名。	按 **F9** 键

要防止文档中的域自动更新,选择该域,然后按[**Ctrl＋F11**]锁定域。要解锁域并允许自动更新,请选择该域,然后按[**Ctrl＋Shift＋F11**]。关闭两个文件,不保存更改,删除 **SR2011.docx** 文件。

1.14 创建水印

概念

水印是淡入淡出的文字或在文档背景中显示的图像,例如公司标志或文字(如机密、草稿或严禁复制等文字内容)。

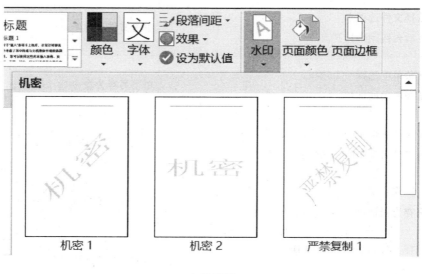

水印示例

📂 步骤

在"Student"文件夹中打开 **COLUMNS. docx**。

1. 选择**设计**选项卡。 显示**设计**选项卡。	单击**设计**选项卡
2. 在**页面背景**组中选择**水印**按钮。 **水印**下拉列表打开。	单击 [水印] 按钮
3. 选择**自定义水印**选项。 **水印**对话框打开。	单击**自定义水印**命令
4. 要使用图片作为水印,请选择**图片水印**选项。 **图片水印**单选按钮被选中。	选中**图片水印**单选按钮
5. 选择**选择图片**按钮。 插入图片对话框打开。	单击 [选择图片(P)...] 按钮

（续表）

6. 选择包含 **Student** 文件夹的驱动器。 显示可用文件夹和文件的列表。可以选择计算机中的图片文件插入，或从 **Office. com** 选择剪贴画。	单击**文件→浏览**命令
7. 选择要插入的图片文件。 选择文件。	单击 **SKIJUMP** 文件
8. 单击**插入**按钮。 **插入图片**对话框关闭，所选图片文件的名称和路径显示在**打印水印**对话框中。	单击 <u>插入(S)</u> ▼ 按钮
9. 选择**确定**。 **打印水印**对话框关闭，水印显示在文档中现有文本的背景中。	单击**确定**按钮

预览文档，注意每个页面上都会出现水印。默认格式为**冲蚀**，因此背景图像不会遮盖文本。关闭 **COLUMNS. docx** 而不保存。

1.15　使用高级页面布局选项

💡 概念

高级页面布局对话框提供了在文档中精确定位对象以及在对象周围环绕文字的选项。

高级页面布局对话框中的**文字环绕**页面提供了所有可能的文字环绕样式。除了选择文字环绕样式之外，还可以控制文本环绕在对象的哪一侧，并且指定对象之间的距离和文字。

👣 步骤

使用**高级页面布局**选项将图形对象放在页面上。在"Student"文件夹中打开 **PACKAGE14.docx**。

1. 选择要放置的图形对象。 选择对象。	单击 **road trip** 对象
2. 选择**图片工具→格式**选项卡。 显示**图片工具→格式**选项卡。	单击**图片工具→格式**选项卡
3. 在**排列**组中选择位置按钮。 该位置库打开。	单击 位置 按钮
4. 选择**其他布局选项**命令。 布局对话框打开。	单击**其他布局选项**命令
5. 选择**文字环绕**选项卡。 **文字环绕**页面打开。	如果需要,单击**文字环绕**选项卡
6. 在**环绕方式**下,选择所需的环绕方式。 选择环绕方式。	单击**四周型环绕**
7. 在**文字环绕**中,选择文字将要环绕的一面。 选择该选项。	选中 ◉ 只在右侧(R) 单选按钮
8. 在**距正文**下,输入所需的测量值。 测量值显示在旋转框中。	点击右 ▲▼ ,将数值调整为 **0.25** 厘米
9. 选择**确定**。 高级页面布局对话框关闭,图形对象放置完毕。	单击**确定**按钮

单击任意位置以取消选择该对象。关闭 **PACKAGE14.docx** 而不保存。

1.16 使用查找和替换选项

💡 **概念**

MS Word 2016 可以在文档中查找和替换文本、短语、字体格式、段落格式、段落标记和分页符。

使用**查找和替换**功能更新文本格式。如有必要，请转到文档的顶部。在"Student"文件夹中打开 **PASTE. docx**。

1. 从**开始**选项卡中选择**替换**按钮。 　　显示**替换**对话框。	单击　ab↔ac**替换**　按钮
2. 单击**查找内容**文本框。然后选择**更多**按钮。 　　查找和替换对话框展开并显示**搜索选项**部分。	单击　**更多(M) >>**　按钮
3. 使用**格式**和**特殊格式**下拉按钮查找所需格式。 　　**查找内容**框空白。	单击**格式→字体**
4. 选择要搜索的格式。 　　**查找和替换**对话框展开并显示**搜索选项**部分。	选择**粗体**
5. 单击**确定**按钮。 　　显示可用的搜索方向列表。	单击**确定**按钮
6. 选择**替换为**文本框。 　　**替换为**框留空。	单击**替换为**按钮，再次单击**格式→字体**菜单命令
7. 选择要替换的格式。 　　选择该选项。	单击**加粗**、**倾斜**

（续表）

8. 单击**确定**。 　　**替换**对话框关闭。	单击**确定**按钮
9. 单击**全部替换**。	单击**全部替换**按钮

请注意，粗体字体更改为**粗体**和*斜体*。单击文档中的任意位置可取消选择文本。

1.17 使用选择性粘贴选项按钮

概念

选择性粘贴选项可以用来方便地对剪贴板中的文本进行格式维护，例如，如果复制带粗体的文本，然后使用选择性粘贴中的**无格式文本**选项进行粘贴，则粘贴的文本将不显示粗体。

可以按[**Esc**]键隐藏**粘贴选项**按钮。

步骤

如果必要，显示开始选项卡，然后在"Student"文件夹中打开 **PASTE. docx**。

按需要滚动并查看标题 **Tour Newsletter Dated May 13，2013**。

1. 选择要移动或复制的文本。 　　选择文本。	拖动选择标题文本 **Tour Newsletter Dated May 13，201**
2. 根据需要剪切或复制文本。 　　剪切或复制的文本被放置在剪贴板上。	单击 复制(C) 按钮

（续表）

3. 将插入点处于要粘贴文本的位置。 插入点出现在新位置。	根据需要滚动到最后一段下面一行
4. 选择**剪贴板**组底部的**粘贴**按钮。 下方显示**粘贴**选项列表。	单击 [粘贴] 按钮
5. 选择**选择性粘贴**命令。 出现可用的粘贴选项列表。	单击**选择性粘贴**命令
6. 选择所需的选项。 文本粘贴成功。	单击**无格式文本**

关闭 **PASTE. docx** 文件而不保存。

1.18 使用段落分页选项

概念

段落分页选项可以控制段落在文档中的显示方式，例如，"窗口/孤立控件"可防止段落的最后一行显示在新页上，或显示在上一段落的底部。在出现分页符时，经常使用"与下段同页"将段落及其标题保持在同一页面。将各行保持在一起将阻止分页符分割段落。段前分页符会从新页面顶部重新开始使段落。

步骤

如有必要，显示**开始**选项卡并在"Student"文件夹中打开 **TERMS. docx**。

根据需要滚动查看 **Prices** 标题。

1. 选择要应用格式的文本。 选择文本。	拖动并选择文本标题 **Prices** 到下一页的第一段
2. 右击鼠标。 显示快捷菜单。	右击鼠标
3. 选择**段落**命令。 **段落**对话框出现。	选择**段落**命令
4. 从**段落**对话框中选择合适的选项卡。 显示**换行和分页**标签。	单击**换行和分页**标签
5. 从分页部分选择适当的选项。 选择该选项。	勾选**与下段同页**复选框
6. 确认所需的选项。 标题与下一页的段落保持在同一页。	单击**确定**按钮

关闭 **TERMS. docx** 而不保存。

1.19 保护 Word 文档

概念

您可以添加密码来保护 Word 文档,以阻止其他用户在未经许可的情况下对其进行编辑。该功能可用于敏感材料,或者将文档设为只读而不可编辑,防止无权限的用户修改文档。

步骤

创建一个新的空白文档。

1. 打开**后台视图**。 **后台视图**打开。	单击**文件**选项卡
2. 选择**另存为**命令,然后选择要保存的文件夹。 出现**另存为**对话框。	单击**另存为**→**浏览**按钮
3. 单击**另存为**对话框中的工具按钮。 出现选项列表。	单击**工具**按钮
4. 选择**常规选项**选项。 显示**常规选项**对话框。	单击**常规选项**命令
5. 输入相应选项的密码。 为所选选项设置密码。	在**打开文件时的密码**文本框中输入密码
6. 单击**确定**按钮后,再次确认密码。密码将应用于所选的保护设置。	单击**确定**按钮

完成后删除该文件。

1.20　复习及练习

 修改 Word 文档的格式

1. 在"Student"文件夹中打开 **PACKAGE16. docx**。

2. 滚动到第 2 页,并选择从 **Product Features** 到 **well-trained，knowledgeable sales staff** 的内容。

3. 应用**多级列表编号**。

4. 滚动到第 4 页并选择 **Terms and Conditions of Sale** 标题。创建一个名为**条款和条件**的新样式。

第 2 课

使用分节符

在本节中,您将学习以下内容:
- 分节符概念
- 创建分节符
- 改变页面方向
- 改变节的页边距
- 应用不同的页眉和页脚
- 应用首页页眉
- 插入自动页码

2.1　分节符概念

概念

利用分节符可以在文档中使用多种不同的页面布局。例如,在文档前言使用的页面编号可能与文档其余部分中使用的页面编号不同,或者包含几个页面的文档每章可能需要不同的标题。当文档有分节符时,每个部分的页面布局也可能与其他部分不同。

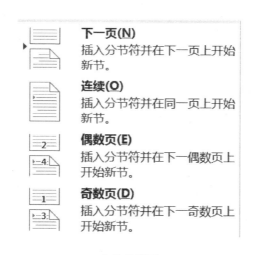

下一页(N)
插入分节符并在下一页上开始新节。

连续(O)
插入分节符并在同一页上开始新节。

偶数页(E)
插入分节符并在下一偶数页上开始新节。

奇数页(D)
插入分节符并在下一奇数页上开始新节。

分节符类型

2.2　创建分节符

步骤

在"Student"文件夹中打开 **AWARD1. docx**。

插入下一页分节符。如有必要,显示格式标记。

1. 将插入点处于要创建新节的位置。 插入点出现在新位置。	根据需要滚动文档,然后单击文本 **Information** 的左侧
2. 选择**布局**选项卡。 显示**页面设置**选项卡。	单击**布局**选项卡
3. 选择**页面设置**组中的**分隔符**按钮。 出现**分隔符**下拉列表。	单击 分隔符 按钮
4. 选择**分节符**→下一页。 **分隔符**下拉列表关闭,插入点出现下一页**分隔符**并自动分页。	单击**分节符**→下一页命令

2.3 改变页面方向

概念

可以更改页面的方向,以优化页面布局从而达到想要的效果。这将影响文档在打印时的外观以及在 Microsoft Word 中查看时的布局。

步骤

调整文档部分内容的格式。

1. 将插入点处于要调整格式的部分。 插入点出现在新位置。	如有必要,请点击文本 **Information** 左侧
2. 选择**布局**选项卡。 显示**页面设置**选项卡。	单击**布局**选项卡

（续表）

3. 选择**页面设置**组中的**纸张方向**按钮。 选定的页面布局应用于该部分。	单击 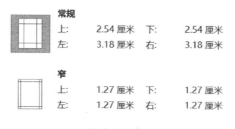 按钮
4. 选择所需的选项。 页面更改为所选页面布局。	单击**横向**命令

2.4 改变节的页边距

💡 **概念**

页边距是围绕在页面四周的空白区域，它为文字和插入文档的内容设定了边距。
可以调整这些设置，以使文档排版满足您的需求。

▣	**常规** 上： 2.54 厘米 左： 3.18 厘米	下： 2.54 厘米 右： 3.18 厘米	
▢	**窄** 上： 1.27 厘米 左： 1.27 厘米	下： 1.27 厘米 右： 1.27 厘米	

页边距示例

👣 **步骤**

更改某个节中的边距。

1. 将插入点处于要格式化的部分。 插入点出现在新位置。	如有必要，请单击文本 **Information** 左侧
2. 选择**布局**选项卡。 显示页面设置选项卡。	单击**布局**选项卡

（续表）

3. 在**页面设置**中选择**页边距**按钮。	单击 页边距 按钮
4. 选择所需的选项。 页面更改为所选页面布局。	单击**窄**选项。

实践：要找到插入到文档中的分节符，请选择开始选项卡→查找→高级查找→定位。选择定位目标：**部分下的节**。

关闭 **AWARD1.docx** 而不保存。

2.5　应用不同的页眉和页脚

💡 **概念**

您可以使用不同的页脚功能来更改内容页面和主文档之间的页面编号格式。

👣 **步骤**

在"Student"文件夹中打开 **DIFHEAD.docx**。

1. 将插入点处于要格式化的部分。 　　插入点出现在新位置。	浏览到第 2 页，单击页面上的任何地方
2. 选择**插入**选项卡。 　　显示**插入**选项卡。	单击**插入**选项卡
3. 在**页眉和页脚**组中选择**页脚**按钮。 　　显示选项列表。	单击　　按钮
4. 选择**编辑页脚**选项。	单击**编辑页脚**命令
5. 选择**链接到前一条页眉**按钮，将其禁用。 　　链接到上一条页眉被禁用。	单击 链接到前一条页眉 按钮
6. 使用页码按钮为页面应用不同的编号格式。 　　确保页码已选。	单击 # 页码 按钮
7. 从菜单中选择所需的选项。 　　选择所需的选项。	选择当前位置
8. 选择所需的页码格式。 　　页码插入到文档中。	选择**括号**

关闭 **DIFHEAD. docx** 而不保存。

2.6　应用首页页眉

💡 概念

页眉或页脚的设计选项之一是可以选择与文档其余部分不同的首页标题和页脚。

👣 **步骤**

在"Student"文件夹中打开 **FIRSTHEAD. docx**。

1. 选择**插入**选项卡。 显示**插入**选项卡。	单击插入选项卡
2. 选择**页眉和页脚**组中的**页眉**按钮。 显示选项列表。	单击 📄 页眉 按钮
3. 选择所需的选项。 显示**页眉和页脚工具设计**选项卡。	点击 📄 编辑页眉(命令
4. 在**选项**组中选择**首页不同**复选框。 选择了**首页不同**的选项。	勾选**首页不同**复选框。
5. 选择**页眉和页脚**组中的页眉按钮。 显示**选项**列表。	单击 📄 页眉 按钮
6. 从列表中选择所需的标题。 所选标题仅显示在第一页上。	单击**奥斯汀**选项

2.7 插入自动页码

👣 **步骤**

在文档中插入页码。

1. 选择要插入页脚的页面。 页面已选择。	浏览到文档的第 2 页
2. 选择**插入**选项卡。 显示**插入**选项卡。	单击**插入**选项卡
3. 选择**页眉和页脚**组中的**页码**按钮。	单击 按钮
4. 从菜单中选择所需的选项。 选择所需的选项。	**选择页面底端选项**
5. 选择所需的页码格式。 页码插入到文档中。	**选择强调线 1**

关闭 **FIRSTHEAD. docx** 而不保存。

2.8 复习及练习

使用分节符修改文档的页面格式

1. 在"Student"文件夹中打开 **SERSTBL. docx**。

2. 创建下一页分节符,将表格标题、表格和图形放在文档中的一个的单独节中。

3. 将包含表格的页面方向更改为横向(提示:选择布局选项卡。)

4. 选择视图选项卡,然后使用多页按钮查看整个文档。然后选择 **100%**按钮。

5. 单击单页按钮,返回正常大小的视图,然后关闭文档而不保存。

使用表格功能

在本节中,您将学习以下内容:

- 应用表自动格式/样式
- 拆分表格单元格
- 更改单元格边距
- 更改文字方向
- 更改文字对齐方式
- 每页顶部重复标题行
- 停止表格的跨页断行
- 表格内排序
- 在表中添加公式
- 调整编号域格式
- 将表格转换为文本
- 将分隔文本转换为表格

3.1 应用表自动格式/样式

💡 **概念**

功能区上的表样式选项包含一些可以轻松应用于表格的预设样式。样式包含各种类型的边框、底纹、填充色和文本格式。在应用样式之前,可以将鼠标悬停在样式上预览应用样式后的表格格式。

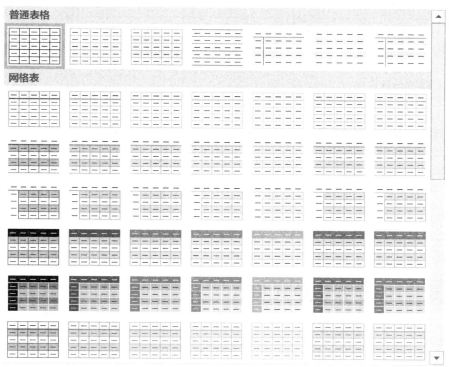

表格样式选项

🐾 步骤

在"**Student**"文件夹中,打开 **TableStyle. docx**。

使用表格样式:

1. 将插入点处于要调整格式的表格中的任何位置。插入点出现在新位置,**表格工具→设计**和**布局**选项卡将出现在功能区上。	单击表格中的任意位置
2. 选择**表格工具→设计**选项卡。显示**表格工具→设计**选项卡。	单击**表格工具→设计**选项卡
3. 将指针放在**表格样式**组中的**表格样式**选项按钮上,以预览格式。实时预览中可以查看表格样式临时应用于文档中的表格的效果。	将指针悬停在**表格样式**组中的任何表格样式按钮上
4. 使用滚动或更多按钮浏览或展开表格样式列表。该表格样式库滚动或打开,用户可以访问所有可用的样式。	单击 ▾ 按钮
5. 选择所需的表格样式。选择的表格样式应用于文档中的表格,**表格样式**图库关闭。	根据需要滚动并点击选择**网格表 4 - 强调 2**

3.2 拆分表格单元格

💡 概念

可以通过使用合并功能将同一行或同一列中的两个或多个单元格合并到一个单元格中。也可以使用拆分功能来拆分单元格。

1. 将插入点处于要拆分的单元格中的任何位置。 插入点出现在该位置，**表格工具→设计**和**布局**选项卡出现在**功能区**上。	单击表格第一行
2. 选择**表格工具→布局**选项卡。 显示**表格工具→布局**选项卡。	单击**表格工具→布局**选项卡
3. 将指针放在**合并**组上。 显示**拆分单元格**对话框。	单击**拆分单元格按钮**
4. 输入要拆分的数字列单元格个数。 显示**拆分单元格**对话框。	列数输入为 **2**
5. 单击**确定**按钮。 显示拆分的单元格。	单击**确定**按钮

您可以通过选择这两个单元格并单击合并单元格按钮来合并单元格。

3.3　更改单元格边距

💡 概念

默认情况下，表格中的每个单元格都具有相同的边距。这样可以防止任何单元格内容与单元格的边框重叠，从而导致信息阅读困难。有时候，我们需要增加表格中的一个或多个单元格的边距。可以通过选择单元格，单击单元格边距按钮并在表选项中输入单元格边距的值实现。

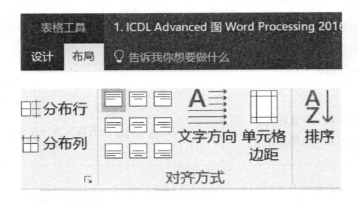

单元格边距按钮

步骤

更改表单元格中的边距。

1. 选择要调整格式的单元格。 选择单元格。	选择单元格
2. 选择**表格工具→布局**选项卡。 显示**表格工具→布局**选项卡。	单击**表格工具→布局**选项卡
3. 按照所需的方向，单击**对齐方式**组中的**单元格边距**按钮。 显示表格选项对话框。	单击 单元格边距 按钮
4. 输入要应用于表格的设置。 输入表格边距设置。	输入上和下边距为 **0.127 厘米**
5. 选择确定按钮应用设置。 应用单元格边距设置。	单击**确定**按钮

3.4 更改文字方向

💡 概念

单元格中的文字方向可以更改为垂直或水平。

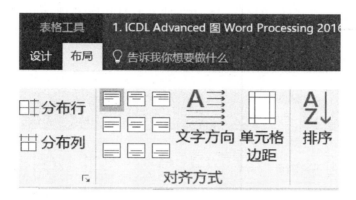

文字方向按钮

👣 步骤

旋转表格中的文字。

1. 选择包含要旋转的文本的单元格。 　单元格已选择。	选择第 2 行
2. 选择**表格工具→布局**选项卡。 　显示**表格工具→布局**选项卡。	单击**表格工具→布局**选项卡
3. 按到所需的方向单击**对齐方式**组中的文字方向按钮，文字方向相应改变。	单击 ▱ 按钮两次

3.5 更改文字对齐方式

💡 概念

有几种方法可以更改单元格中文字的对齐方式。可以使用段落对齐选项：左对齐、居中对齐、右对齐；也可以使用表格页面布局对齐选项：靠上左对齐、居中左对齐、靠下左对齐、靠上居中、水平居中、靠下居中、靠上右对齐、居中右对齐、靠下右对齐。

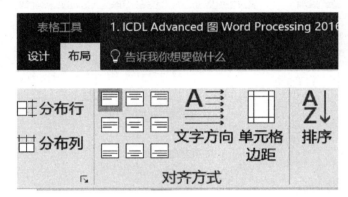

表格工具→布局对齐选项卡

👣 步骤

对齐表格文本。

1. 选择包含要对齐的文本的单元格。 选择单元格。	单击包含标题 **Roll n Relax Holiday Tours** 的单元格
2. 选择**表格工具→布局**选项卡。 显示**表格工具→布局**选项卡。	单击**表格工具→布局**选项卡
3. 从**对齐方式**组中的库中选择所需的对齐按钮。 相应地对齐单元格中的文本。	单击水平居中 ▭ 按钮 （第二排，第二列）

3.6　每页顶部重复标题行

💡 概念

对于跨越两个或多个页面的表,MS Word 2016 提供了一个选项,可以在每个页面的顶部显示表格的标题行(通常显示列标题)。

排序　重复标题行　转换为文本　公式

数据

重复标题行按钮

👣 步骤

重复标题行。

如有必要,请切换到**页面视图**,以查看文档的打印外观。

1. 选择要重复的**行或行**作为表标题。 　行被选中。	选择表格的前两行
2. 选择**表格工具→布局**选项卡。 　显示**表格工具→布局**选项卡。	单击**表格工具→布局**选项卡
3. 选择数据组的重复标题行按钮。 　表标题已创建。	单击 🔲**重复标题行** 按钮

在后台视图中预览文档。请注意,每个页面上都会显示表格标题。

41

关闭 **TableStyle. docx** 而不保存。

3.7 停止表格的跨页断行

 概念

当一个大表格跨两个或多个页面显示时,页面末尾的最后一行的内容可能会在两个页面之间断开。为了将内容保留在一起,表格属性中有一个选项,可以设置不允许表格跨页断行。

表格属性对话框

步骤

从"**Student**"文件夹中打开 **TABLEBREAK. docx**。

设置表行横跨页面。预览文档以查看页面上的表格大小和位置。

1. 选择要更改的单元格、行或列。 　　选择单元格、行或列。	单击第 1 页上该表的最后 1 行
2. 选择**表格工具→布局**选项卡。 　　显示**表格工具→布局**选项卡。	单击**表格工具→布局**选项卡
3. 选择表组中的**属性**按钮。 　　表格**属性**对话框打开。	单击 属性 按钮
4. 选择要更改的属性的选项卡。 　　显示相应的页面。	如果必要,单击行选项卡
5. 选择所需的选项。 　　选择该选项。	取消勾选 ☑ 允许跨页断行(K) 复选框
6. 选择**确定**按钮。 　　表格属性对话框关闭,并相应地修改选择。	单击**确定**按钮

注意：Word 将自动重新对文档分页,保证拆分后的表格每行保持不变,因此之前横跨两页的行将移动到下一页。

还可以通过单击 ⊞ 选择整个表格,并按照与上述相同的步骤操作,将此功能应用于整个表格。

关闭 **TABLEBREAK.docx** 而不保存。

3.8 表格内排序

 概念

可能有时候需要对多个列进行排序。例如,如果地址列表按姓氏排序,列表中有两个名字的姓氏都是 Brown,如果要区分两个 Brown,可以按姓氏排序然后按名字排序。

♪ 步骤

从"**Student**"文件夹中,打开 **TABLE2. docx**。

1. 将插入点处于要排序的表中的任何位置。 　插入点出现在表中。	单击表中的任意位置
2. 选择**表格工具→布局**选项卡。 　显示**表格工具→布局**选项卡。	单击**表格工具→布局**选项卡
3. 选择**数据**组中的**排序**按钮。 　排序对话框打开,并且在**排序方式**框中列标题已选择。	单击 A Z↓ 排序 按钮
4. 在**我的列表**下,根据该表是否具有标题行,选择所需的选项。 　选择该选项。	选中 ◎ 标题行单选按钮
5. 选择**排序**列表。 　显示可用列标题的列表。	单击排序 ▼ 按钮
6. 选择首先排序的列。该列标题显示在**排序**框中。 　数字条件显示在类型框中。	单击**零售价**
7. 根据需要选择**升序**或**降序**选项。 　选择排序顺序。	选中 ◎ 升序单选按钮
8. 选择第一个**然后按**列表。 　显示可用列标题的列表。	单击第一个**然后按** ▼ 按钮

（续表）

9. 选择接下来要排序的列。该列标题显示在第一个**然后按**框中。日期标准显示在对应的类型框里。	单击**发布日期**
10. 根据需要选择**升序**或**降序**选项。 选择排序顺序。	选中 ◉ 降序单选按钮
11. 选择第二个**然后按**列表。 显示可用列标题的列表。	单击第二个**然后按** ▼ 按钮
12. 选择接下来要排序的列。列标题显示在第二个**然后按**框中。**文本**准则显示在对应的**类型**框里。	单击**产品**
13. 根据需要选择**升序**或**降序**选项。 选择排序顺序。	选中 ◉ 升序单选按钮
14. 选择**确定**按钮。 排序对话框关闭。表按指定的顺序按多个列排序。	单击 确定 按钮

关闭 **TABLE2.docx** 而不保存。

3.9 在表中添加公式

概念

当文档中的表格包含一列数字，需要求总和时，可以插入一个计算总和的公式域，它将自动计算并显示总计结果。如果任何数字发生了变更，总计公式域也将更新结果，以保持文档准确无误。

注意：不同行的数字无法相加，只能将表中同一列或行中的数字相加。

排序　重复标题行　转换为文本　公式

数据

公式按钮

Sales Table

SalesRep	Sales	Profit	Total
Alicia Goh	121,500	27000	$148,500.00
Maxie Heron	630,000	39190	$669,190.00
John Carpenter	162,000	12900	$174,900.00
Fred Teo	144,000	12060	$156,060.00
Total	**1,057,500**	**91150**	**$1,148,650.00**

公式	?	×

公式(F):

=SUM(ABOVE)

编号格式(N):

粘贴函数(U):　　　　　　粘贴书签(B):

确定　　取消

公式对话框,用于在销售表格中添加公式

 步骤

从"**Student**"文件夹中,打开 **SALESTABLE. docx**。

在表格中插入公式。

1. 选择要在其中插入公式的单元格。 空单元格被选中。	选择 Alicia Goh 名字右侧对应的**利润**空单元格
2. 选择**表格工具→布局**选项卡。 显示**表格工具→布局**功能区。	单击**表格工具→布局**选项卡
3. 选择**数据**组中的公式按钮。 出现公式对话框。	单击 fx 公式 按钮
4. 从**编号格式**下拉列表中选择要应用的格式。 选择编号格式。	从编号格式列表中选择€♯,♯♯0.00;(€♯,♯♯0.00)
5. 选择**确定按钮**插入公式。 公式对话框关闭,公式插入表中。	单击**确定**按钮

可以按[**Alt＋F9**]组合键查看公式结果而不是域代码。将 **AliciaGoh** 的利润值从 **27,000** 更改为 **17,000**,总计列中的值并不会更改。要刷新该值,请选择该值并按 **F9** 键即可更新总计列中的值。

对每个销售代表重复上述步骤。但请确保公式为＝SUM(LEFT)。

注意:货币符号将根据 office 软件使用时的位置而有所不同,与个人设置相关。

3.10　调整编号域格式

 概念

使用公式对话框设置公式中的数字格式

Sales Table

SalesRep	Sales	Profit	Total
Alicia Goh	121,500	27000	€148,500.00
Maxie Heron	630,000	39190	€669,190.00
John Carpenter	162,000	12900	€174,900.00
Fred Teo	144,000	12060	€156,060.00
Total	**1,057,500**	**91150**	**€1,148,650.00**

以货币显示各行总计的销售表格

步骤

设置数字域格式。

1. 选择要设置格式的域。 选择该域。	选择在**销售**列下**总计**旁边的公式域
2. 选择**表格工具→布局**选项卡。 显示**表格工具→布局**功能区。	单击**表格工具→布局**选项卡
3. 选择**数据**组中的公式按钮。 出现公式对话框。	单击 f_x 公式 按钮
4. 从**编号格式**下拉列表中选择要应用的格式。 选择编号格式。	从编号格式列表中选择#,## 0.00
5. 选择**确定**按钮将格式应用于该域。 对话框关闭,格式应用于该域。	单击**确定**按钮

总计单元格中的数字现在显示为没有货币符号,但格式为货币数字的格式。

关闭 **SALESTABLE. docx** 而不保存。

3.11 将表格转换为文本

💡 概念

排序　重复标题行　转换为文本　公式

数据

表格工具→布局项卡上的转换按钮

Month	Earnings for 2011	Earnings for 2012
January	$289	$359
February	$324	$659
March	$453	$260
April	$620	$589

文本表格

Month	Earnings for 2011	Earnings for 2012
January	$289	$359
February	$324	$659
March	$453	$260
April	$620	$589

表格转换为文本

🎵 步骤

从"Student"文件夹中，打开 EARNINGS. docx。

将表格转换为文本。

1. 选择要转换的表格行。 　　选择表格行。	选择整个表
2. 选择**表格工具→布局**选项卡。 　　显示**表格工具→布局**选项卡。	单击**表格工具→布局**选项卡
3. 选择**数据**组的**转换为文本**按钮。 　　转换表到文本对话框打开。	单击　　　　　按钮
4. 在文字**分隔符**中,选择所需的选项。 　　选择该选项。	选择 ◎ 制表符
5. 单击**确定**按钮。 　　表格转换成文本对话框关闭,表格转换为文本。	单击**确定**按钮

单击任意位置以取消选择文本。

显示格式化标记。注意,现在的文本中制表符会出现在每个列标记的位置,段落标记会出现在每一段行标记的位置。隐藏格式标记。

关闭 **EARNINGS. docx** 而不保存。

3.12　将分隔文本转换为表格

💡 概念

如果您在 MS Word 2016 中创建列表,并且希望将列表转换为表格,则可以使用 Word 中的**将文本转换为表格**功能。

👣 步骤

从"**Student**"文件夹中,打开 **TEXTTAB. docx**。

将现有文本转换为表格。

1. 选择要转换为表格的文本。 选择文本。	按[Ctrl＋A]组合键全选文本
2. 单击**插入**选项卡。 显示**插入**选项卡。	单击**插入**选项卡
3. 在**表格**组中选择**表格**按钮。 **插入表格**下拉菜单打开。	单击 [表格] 按钮
4. 选择**将文本转换为表格**选项。 **将文本转换为表格**对话框打开。	单击**将文本转换为表格**命令
5. 如有必要,请在**表格大小**下的**列数**框中指定所需的表格列数,或者选择所需的**文字分隔位置**。 **列数**调节框中的**数字**相应更改,相应的选项被选择。	如有必要,请点击 ⊙ 标签
6. 选择所需的**自适应**选项。 所需的**自适应**选项被选择。	如有必要,点击固定列宽 ▲▼ 将其设为自动
7. 选择**确定**按钮。 **将文本转换为表格**对话框关闭,现有文本转换为表格。	单击**确定**按钮

单击文档中的任意位置以取消选择该表。

关闭 **TEXTTAB. docx** 而不保存。

3.13 复习及练习

 使用表格功能

1. 在"student"文件夹中打开 **TABLEEX1. docx**。

2. 选择表格中的任何单元格。

3. 选择**表格工具→设计**选项卡。

4. 将**表 1 淡-强调 4** 格式应用于表格。

5. 关闭 **TABLEEX1. docx**，不保存。打开 **EQUIPTBL. docx**。

6. 选择整个文档的内容。

7. 显示**插入**选项卡。

8. 使用**表格**组中的**表格**按钮将所选文本转换为表格。将波浪符号（～）用作文本分隔符（在**其他**文本框中键入）。建议分为两列。如有必要，请选择**自动**的固定列宽。

9. 删除文本查看表格。

10. 关闭 **EQUIPTBL. docx** 而不保存。

第 4 课

使用批注和修订

在本节中,您将学习以下内容:

- 启用修订模式
- 设置修订选项
- 禁用修订模式
- 比较文档
- 查看修订
- 接受/拒绝所有修订
- 插入批注
- 管理批注
- 查看和浏览批注

4.1 启用修订模式

概念

当一个或多个人发送文档进行审核时,他们可以打开 MS Word 2016 中的**修订**功能。该功能可以追踪和标记审阅者对文档所做的任何建议和修订。当作者从修改者处收到文档时,将能看到突出显示的建议和修订,并可以选择接受或拒绝每个修订。

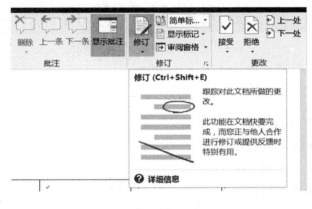

修订模式

步骤

在"student"文件夹中打开 **TRACK1. docx**。

启用修订模式。

1. 选择**功能区**中的**审阅**选项卡。 显示**审阅**选项卡。	单击**审阅**选项卡
2. 在**修订**组单击**修订**按钮的顶部。 按钮的背景变为深灰色,修订模式启用。	单击**修订**按钮

4.2　设置修订选项

💡 **概念**

修订选项中有**高级修订选项**按钮，它允许用户为每个分类设置标记格式、指示符和颜色。

高级修订选项		?	×

插入内容(I):	单下划线	颜色(C):	按作者
删除内容(D):	删除线	颜色(C):	按作者
修订行(A):	外侧框线		

批注:	按作者

☑ 跟踪移动(K)

源位置(O):	双删除线	颜色(C):	绿色
目标位置(V):	双下划线	颜色(C):	绿色
插入的单元格(L):	浅蓝色	合并的单元格(L):	浅黄色
删除的单元格(L):	粉红	拆分单元格(L):	浅橙色

☑ 跟踪格式化(T)

格式(F):	(无)	颜色(C):	按作者
指定宽度(W):	9.4 厘米	度量单位(E):	厘米
边距(M):	右		

☑ 显示与文字的连线(S)

打印时的纸张方向(P):	保留

确定	取消

高级修订选项

🦶 步骤

设置修订选项。

如有必要,请切换到**页面视图**并激活修订模式。

1. 选择**功能区**中的**审阅**选项卡。 　显示**审阅**选项卡。	单击**审阅**选项卡
2. 单击**修订**组右下角的小箭头。 　**修订**选项对话框打开。	
3. 选择所需的选项。 　用户可以启用或禁用详细的跟踪指示器,并调整标记视图和查看窗格。此外,还可以通过单击窗口右下方的**更改用户名**按钮来更改用户名。	单击**高级选项···**按钮
4. 修改**插入**下拉列表。	选择**双下画线**
5. 选择**确定按钮**。 　**修订**选项对话框关闭。	单击 确定 按钮

4.3　禁用修订模式

🦶 步骤

禁用修订模式。

1. 选择**功能区**中的**审阅**选项卡。 　显示**审阅**选项卡。	单击**审阅**选项卡
2. 在**修订**组单击**修订**按钮的顶部。 　按钮背景更改颜色,修订模式被禁用。	单击**修订**按钮

关闭 **TRACK1.docx** 而不保存。

4.4　比较文档

💡 概念

如果要将文档的早期版本与文档的当前版本进行比较,则可以比较文档,然后将更改合并到一个文档中。

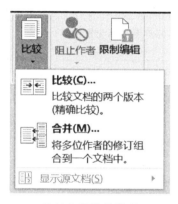

比较文档菜单选项

步骤

比较两个文件。

如有必要,请关闭任何打开的文档(包括空白文档,但保持 Word 打开)。

1. 选择**功能区**中的**审阅**选项卡。 　　显示**审阅**选项卡。	单击**审阅**选项卡
2. 单击**比较**组的**比较**按钮。 　　**比较**菜单打开。	单击　比较　按钮

(续表)

3. 从菜单中选择**比较**。 **比较**文档对话框打开。	单击菜单中的**比较**命令
4. 选择**原文档**框右侧的**浏览原文档**按钮。 文档选择对话框打开。	单击**原文档**框右侧的 🗀 按钮
5. 打开要合并文件的文件夹。 文件名显示在**原文档**框中。	选择原文档 **REV_1. docx**
6. 选择**修订**的**文档框**右侧的**浏览修订文档**按钮。 文件名显示在**修订的文档**框中,最后一个保存文档中 更改内容的人的名称显示在**修订者显示为**框中。	选择**修订**的文件 **REV_EK. docx**
7. 选择**确定**按钮。 文档进行比较,新版本的文档与标记为修订模式的差 别显示在比较文档窗格中。垂直查看窗格显示在比较 文档窗格的左侧。原始文档和修订文档显示在比较文 档窗格右侧的两个窗格中。	单击 确定 按钮

4.5 查看修订

💡 **概念**

从文档中删除修订的唯一方法是接受或拒绝更改。在显示标记框中选择无标
记可查看文档的最终状态,但该功能只会从视图中隐藏修订标记。修订并不
会被删除,下次打开文档时会再次出现。如需永久删除修订,请接受或拒绝
修订。

修订接受/拒绝功能

步骤

查看修订。

如有必要,请选择审阅选项卡。在"student"文件夹中打开 **REVISED. docx**。

1. 将插入点处于要开始查看更改的位置。 　插入点移动到所选位置。	按[**Ctrl＋Home**]组合键
2. 选择**功能区**中的**审阅**选项卡。 　显示**审阅**选项卡。	单击**审阅**选项卡
3. 从下拉菜单中选择**简单标记**。	选择**简单标记**选项
4. Word 会标记任何人对文档所做的任何更改,并通过 　在边距附近显示一条线来显示更改的位置。	|
5. Word 会在批注处显示一个小球形状的对话框。	&#128172;

4.6　接受/拒绝所有修订

概念

有多种方式可以接受文档中所做的修订。可以突出显示并选择每个更改,单独接受更改,也可以只需单击**接受**按钮,允许应用程序滚动浏览文档。最后,还可以一次性**接受所有修订**,或者**接受所有更改并停止修订**,这将禁用文档中的修订模式。

步骤

接受或拒绝所有修订。

如有必要,请切换到**页面视图**。

1. 选择**功能区**中的**审阅**选项卡。 显示**审阅**选项卡。	单击**审阅**选项卡
2. 将插入点处于要开始查看修订的位置。 插入点移动到所选位置。	把光标移动到 **Art of Touring in Style** 左侧
3. 接受修订。 标记消失,Word 会自动跳转到下一个修订。可以继续接受或拒绝每个修订,直到全部检查完毕。	单击**接受**按钮
4. 选择接受所有修订以删除标记。 就接受所有当前显示的修订,并从文档中删除相应的修订标记和标记气球。 批注不属于变更,会保留在文档中	单击**接受所有修订**命令

要限制文件修订功能,可单击**审阅**选项卡,然后单击**保护**组中**限制编辑**按钮。勾选 **2.编辑限制**前的复选框,从下拉菜单中选择**修订**。单击**是,启动强制保护**按钮。

关闭 **REVISED. docx** 而不保存。

4.7 插入批注

步骤

在"student"文件夹中打开 **COMMENT. docx**。

如有必要,请切换到页面视图。

1. 选择要添加批注的文本。 选择文本。	拖动并选择第一段标题
2. 选择**功能区**中的**审阅**选项卡。 显示**审阅**选项卡。	单击**审阅**选项卡
3. 选择**批注**组中的**新建批注**按钮。 **标记区域**中会出现一个新气球,并在所选文本周围留下批注标记。	单击 新建批注 按钮
4. 输入所需的批注。 批注文字出现在标记气球中。	**输入包括更多的产品**
5. 单击标记气球外的任何地方。 插入点出现在文档文本中。	单击标记气球外的任何位置

4.8　管理批注

步骤

在文档中查看批注。

如有必要,请切换到**页面视图**。

1. 选择**功能区**中的**审阅**选项卡。 显示**审阅**选项卡。	单击**审阅**选项卡
2. 选择**修订**组中的**显示标记**按钮。 显示可用选项的列表。	单击**显示标记**按钮
3. 鼠标移动到**特定人员**选项。 显示所有文档审阅者的列表。	指向**具体的人**
4. 选择或取消选择您想要查看或隐藏其批注的批注者,或选择**所有审阅者**。 选定的批注者或所有批注者的批注会出现或隐藏。	单击**所有审阅者**选项

4.9 查看和浏览批注

📘 步骤

在文档中管理批注。

如有必要，请切换到页面视图。

1. 将插入点处于要开始查看批注的位置。 插入点移动到所选位置。	按[**Ctrl＋Home**]组合键
2. 选择**功能区**中的**审阅**选项卡。 显示**审阅**选项卡。	单击**审阅**选项卡
3. 在**批注**组中选择**下一条**按钮。 插入点移动到**下一条**可见的批注。	单击**下一条**按钮
4. 要返回上一条批注,请选择批注组中的**上一条**按钮。 插入点移动到上一条批注。	点击**上一条**按钮
5. 如需要删除当前选定的批注,在**批注**组中选择**删除** 按钮的左侧部分。 批注被删除。	单击**删除**按钮

关闭 **COMMENT. docx** 而不保存。

4.10 复习及练习

1. 从"**Student**"文件夹中打开 **INVITEX. docx**。

2. 启用修订模式。

3. 设置以下追踪修订选项:

标记选项	选择
插入	斜体
更改行	外边界
批注(颜色)	按作者
格式化	双下画线

4. 将文档的第一行 **We are pleased to extend to you an invitation** 改为 **You are cordially invited**。

5. 禁用修订模式。

6. 将 **INVITE2U.docx** 合并到当前文档中。

7. 接受文档中的前两个更改。

8. 从**审阅**选项卡中的**显示标记**列表中选择无标记。注意所有标记都被隐藏。

9. 接受文档中的所有修订。

10. 选择**另存为**并将文档**另存为** **INVITEFINAL.docx**。

11. 完成后删除 **INVITEFINAL.docx**。

第 5 课

使用表单和保护

在本节中,您将学习以下内容:
- 创建表单
- 设置控件属性
- 保护表单
- 将表单保存为模板

5.1 创建表单

💡 概念

Word 中的表单用于收集人员信息,可以通过各种类型的控制框完成。这些控制框需要用户输入、勾选或选择内容。表单与表格有类似之处。表单可以打印,并在纸上完成,也可以在 Word 中完成。在 Word 中,表单应该受到保护,保证用户只能访问表单的相关区域。当创建或使用表单时,需要在功能区显示开发工具选项卡。

🐾 步骤

在"Student"文件夹中打开 **CUSTPR1. docx**。

通过向模板或文档添加内容控件来创建表单。如有必要,显示格式标记。

1. 将插入点处于要插入内容控件的位置。 插入点处于所需的位置。	单击 **Customer Name** 行上的选项卡字符的左侧
2. 在**开发工具**选项卡**控件**组中选择所需的内容控件。 该**格式文本内容控件**显示在文档中。	单击 **Aa** **格式文本内容控件**按钮

（续表）

3. 将插入点处于要插入**旧式工具**控件的位置。 插入点处于所需的位置。	单击 **Australia** 文本的左边
4. 选择**旧式工具**按钮。 **旧式工具**库出现。	单击 🧳▾ **旧式工具**按钮
5. 从**开发工具**选项卡下的控件组中选择所需的控件。 复选框表单域显示在文档中。	在 **ActiveX** 控件下，单击 ☑ 按钮

实践：在控件上添加消息或指南。双击文档上插入的复选框，单击添加帮助文本按钮，选择状态栏或帮助键(**F1**)上是否显示消息。相应输入文字。

5.2 设置控件属性

👣 步骤

如有必要，在"Student"文件夹中打开 **CUSTPR1. docx**。

设置内容控件的属性。如有必要，请显示格式标记和**开发工具**选项卡。

1. 在**开发工具**选项卡的控件组中，选择**设计模式**。 **设计模式**按钮突出显示，表示模式已启用。文档中的内容控件将更改为设计模式外观。	单击 ✓ 设计模式 按钮
2. 在要编辑说明文本的文档中选择所需的内容控件。 该**格式文本**内容控件改变为编辑模式。	单击显示**单击此处输入文字**的**格式文本**内容控件

（续表）

3. 根据需要编辑指南文字。 　　指南文字相应改变。	编辑文本为：**点击此处输入公司名称**。
4. 在**开发工具**选项卡的控件组中，选择**设计模式**。 　　该**设计模式**按钮的高亮显示消失，表明该模式被禁用。指南文本的变更已保存。内容控件以正常外观显示在文档变更中。	单击　✔ 设计模式　按钮
5. 在要编辑属性的文档中选择所需的内容控件。 　　**下拉列表**内容控件突出显示，并启用**开发工具**选项卡上**控件**组中的**属性**按钮。	单击显示**选择一项**的**下拉列表**内容控件
6. 在**开发工具**选项卡上的控件组中，选择**属性**。 　　**内容控制属性**对话框打开。	单击　▤ 属性　按钮
7. 根据需要编辑属性。 　　属性被定义。	按照表格下方的说明继续下一步
8. 在**内容控制属性**对话框中单击**确定**按钮。 　　**内容控制属性**对话框关闭，属性相应地分配给内容控件。	单击　确定　按钮

单击**添加**按钮，然后在**添加选择**对话框的**显示名称**框中输入 **1—4**。单击**确定**按钮。注意，**1—4** 已添加到**内容控件属性**对话框中的**下拉列表属性**列表中。

以同样的方式，在**下拉列表属性**列表中添加 **5—9** 和 **9 以上**。

返回到表格，继续下一步（步骤 8）。

5.3 保护表单

💡 概念

保护表单可确保只有在将表单分发给其他人时对方才能对特定的域进行编辑。如果表单没有保护，则表单可能被篡改或出现错误。

👣 步骤

保护表单。

1. 选择**功能区**中的**开发工具**选项卡。 显示**开发工具**选项卡。	单击**开发工具**选项卡
2. 从**保护**组中单击**限制编辑**按钮。 **限制编辑**任务窗格打开。	单击 🔒 限制编辑 按钮
3. 从**限制编辑**任务窗格中选择所需的编辑限制选项。 **编辑限制**列表框被激活，**例外项(可选)**列表被显示。	勾选**仅允许在文档中进行此类型的编辑**复选框
4. 选择**编辑限制**下拉图标。 显示选项列表。	单击**编辑限制**项下面的 ▼ 按钮
5. 选择**填写窗体**选项。 选择所需的选项，并关闭**例外(可选)**列表。	单击**填写窗体**选项
6. 单击**是，启动强制保护**按钮。 启动强制保护对话框打开，插入点位于新密码(可选)字段中。	单击 是，启动强制保护 按钮

（续表）

7. 在**新密码(可选)**字段中输入密码。 密码的每个字符均以星号显示。	输入 **Pr0t3ct70rm**
8. 选择**确认新密码**字段。 插入点处于必填字段中。	按[**Tab**]键
9. 在**确认新密码**字段中输入密码。 为密码的每个字符输入星号。	输入 **Pr0t3ct70rm**
10. 单击**确定**按钮。 启动强制保护对话框关闭。**限制编辑**任务窗格中显示一条消息,通知您该文档不受意外编辑的影响。任务窗格底部显示**停止保护**按钮。	单击 确定 按钮
11. 关闭**限制编辑**任务窗格。 该**限制编辑**任务窗格关闭,文档窗口最大化。	单击 ✕ 按钮

5.4　将表单保存为模板

步骤

将表单另存为模板。

1. 选择**文件**选项卡。 后台**视图**中打开。	单击**文件**选项卡
2. 选择**另存为**命令。 **另存为**对话框打开,**文件名**框中的文本已选。	单击**另存为**命令
3. 选择要保存的文件所在的位置。 文件夹显示在新窗口中。	单击 **Student** 文件夹

（续表）

4. 输入所需的模板名称。 在**文件名**框中输入文本。	输入 **Sample order Form**
5. 选择文件名下方的**另存为**下拉按钮。 显示可用文件类型的列表。	单击**保存类型**下拉列表
6. 选择 Word **模板**(＊. dotx)。 **Word 模板**(＊.dotx)显示在**另存为类型**框中。 注意默认位置在**自定义 Office 模板**中。	单击 Word **模板**(＊.dotx)选项
7. 选择**保存**。 **另存为**对话框关闭,表单另存为模板。	单击 [💾 保存] **按钮**

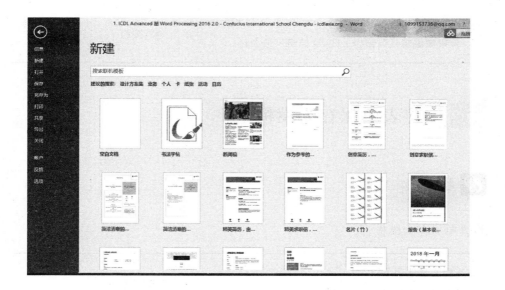

关闭样品订单 **Form. dotx** 而不保存。

实践:要修改模板,请选择**文件**→**打开**→最近的文件夹(或打开保存模板的目录)→**自定义 Office 模板**,选择 **Sample order form**,单击**打开**按钮。执行所需的更改,然后单击**保存**按钮。

关闭 **CUSTPR1. docx** 而不保存。从 Student 文件夹删除 **Sample order form. dotx**。

5.5　复习及练习

 创建表单和模板

1. 在"Student"文件夹中打开 **CUSTORD. docx**。

2. 显示文档中的段落标记和功能区中的**开发工具**选项卡。

3. 使用以下条目将以下产品添加到**下拉列表**控件中：
   Life-Fit Treadmill Treadmaster Treadmill Life-Fit Exercise Bike Exer-Fit Stepper

4. 在交货日期行上的标签右侧添加**日期选择器**内容控件。

5. 在两个出货单选项旁边添加**复选框表单字段**。

6. 使用**旧式工具库**，从复选框**表单字段中**删除底纹。

7. 设置编辑限制，仅允许填写表单，从而保护文档。

8. 使用合适的密码强制保护表格。

9. 关闭 **CUSTORD. docx** 而不保存更改。

第 6 课

创建主控文档

在本节中,您将学习以下内容:

- 使用主控文档
- 插入子文档
- 折叠/展开子文档
- 取消子文档链接
- 拆分和合并子文档
- 锁定子文档
- 打开子文档

6.1 使用主控文档

💡 概念

Word 中的**主控文档**功能让我们能够将文档分割成更易于管理的部分，即子文档，从而更轻松地处理非常大的文档。每个子文档都是单独存储在文件夹中的 Word 文档，可以在 Word 中单独打开和编辑。主控文档包含每个子文档的链接。

某些任务，例如生成目录、索引、页面编号或打印整个文档，可能需要将所有子文档合并然后显示在主控文档中。我们可以通过单击主控文档中的相关链接来打开每个子文档，从而实现这一功能。

在大纲视图中，可以从新文档或现有文档创建主控文档。可以将一个或多个现有文件作为子文档插入，也可以使用主控文档中的**创建子文档**按钮创建新的子文档。

大纲视图中的**大纲工具**选项卡提供用于创建、插入和管理主控文档和子文档的按钮。

👣 步骤

从"**Student**"文件夹中，打开 **MASTER. docx**。

使用主控文档。

如有必要，显示格式标记。

1. 选择**功能区**中的**视图**选项卡。 显示**视图**选项卡。	单击**视图**选项卡
2. 单击**视图**组中的**大纲视图**按钮。 该文档以**大纲视图**显示。**大纲工具**选项卡显示在**功能区**上。	单击 　大纲视图　 按钮

6.2 插入子文档

💡 概念

插入主控文档的文件被称为子文档。子文档链接到其源文件。因此，对源文件所做的更改将自动在主控文档中更新。

将子文档插入主控文档时，子文档显示在**大纲视图**中。然后，可以使用**大纲工具**选项卡上可用的按钮来折叠和展开子文档。

Word 在插入的每个子文档之前插入**页面**分节符，并在子文档之后插入**连续**分节符。

如果主控文档和子文档包含具有不同格式的重复样式名称，则子文档文本在插入主控文档时采用主控文档的格式设置。例如，如果**标题 2** 样式在子文档中左对齐，但在主控文件中为居中对齐，那么所有以**标题 2** 样式进行格式设置的子文档文本在主控文档中都会居中显示。

👣 步骤

将子文档插入主控文档。

如有必要，请切换到大纲视图并显示大纲工具选项卡。

1. 将插入点处于要插入子文档的文档中。 插入点处于所需的位置。	按[**Ctrl＋End**]组合键
2. 单击**主控文档**组中的**显示文档**按钮。 **主控文档**组按钮已显示。	单击 显示文档 按钮
3. 单击**主控文档**组中的**插入**按钮。 **插入子文档**对话框打开。	单击 插入 按钮

（续表）

4. 选择要插入的文件的存储驱动器。 　　显示可用文件夹的列表。	单击含 **Student** 文件夹的驱动器
5. 打开要插入文件所在的文件夹。 　　显示可用文件夹和文件的列表。	双击 **Student** 文件夹
6. 选择要插入的文件。 　　选择文件。	单击 **PRODUCT6. docx** 文件
7. 选择**打开按钮**。 　　**插入子文档**对话框关闭，并且可能会打开 Word 消息框，询问是否要重命名要插入的子文档和主控文档中的样式。	单击　[打开(O)]　按钮
8. 如果出现 Word 消息框，询问是否要重命名要插入的子文档和主文档中的样式，请选择**是**。 　　Word 消息框关闭。子文档文件被插入到**主控文档**中，并且主控文档组中的**折叠子文档**按钮被突出显示。	单击　[是(Y)]　按钮

实践：首先将 **BENEFIT6. docx**，然后将 **TERMS6. docx** 作为子文档插入主文档的末尾。

在文档的顶部，选择并右击**找不到目录**条目字段代码。通过从快捷菜单中选择**更新域**来更新目录。显示**页面视图**中的格式化目录。

使用状态栏上的**查看快捷方式**按钮进行**查看**。然后切换回**大纲视图**。

单击**大纲**选项卡上的**大纲工具**组中的**显示级别**列表，仅显示 2 级及以上级别。然后再次显示所有大纲级别。

将文件以文件名 **Master2. docx** 保存到 **Student** 文件夹。

6.3 | 折叠/展开子文档

步骤

在主控文档中折叠和展开子文档。

如有必要,请切换到**大纲视图**并显示**大纲**选项卡。

选择目录,按[**Alt＋F9**]组合键显示{**TOC**}域代码,而不是目录文本。

1. 单击**主控文档**组中的**折叠子文档**按钮。 插入的子文档显示为源文件的路径和文件名的超链接。	单击 [折叠子文档] 按钮
2. 单击**主控文档**组中的**展开子文档**按钮。 显示所有插入子文档的文本。	单击 [展开子文档] 按钮

6.4 | 取消子文档链接

步骤

取消链接子文档。重要的是要注意,必须选择**显示文档**设置。

如果必要,切换到**大纲视图**。然后展开子文档。

1. 选择要取消链接的子文档。 子文档被选中。	向下滚动并单击 **Terms and Conditions of Sale** 标题下的子文档中的任意位置
2. 选择**主控文档**组中的**取消链接**按钮。 链接被删除,子文档的文本被复制到主文档中。	单击 [取消链接] 按钮

6.5　拆分和合并子文档

♪ 步骤

拆分和合并一个子文档。

如有必要,请切换到**大纲视图**,然后选择**展开子文档**按钮显示所有子文档的文本。

1. 将插入点放在要拆分子文档的位置。 插入点处于所需的位置。	在第一个子文档中单击 **Clothing** 副标题之前的位置
2. 单击**主控文档**组中的**拆分**按钮。 子文档在主控文档中被拆分。原始子文档的内容被分割为原始子文档文件和包含插入点后的所有内容的新文件。	单击　▤ 拆分　　按钮
3. 选择要合并的子文档的内容。 当拖动时,子文档中的文本会突出显示。	拖动选择拆分子文档中的内容(从第一个拆分文件的 **Products Distributed** 标题到标题为 **Memorabilia** 的段落结尾,包括结尾处的空白段落)
4. 释放鼠标按钮。 子文档中的文本被选中。	释放鼠标按钮
5. 选择**主控文档**组中的合并按钮。 内容合并在主文档和第一个子文档文件中。	单击　▤ 合并　　按钮

子文档被拆分时创建的新文件仍然存在,其中包含从拆分开始到原始子文档结尾的内容,但是它不再链接到主文档,可以安全删除。

6.6 锁定子文档

步骤

锁定子文档。

如果必要，切换到**大纲视图**。然后选择**展开子文档**按钮显示所有子文档的文本。

1. 选择要锁定的子文档。 选择子文档。	单击第一个子文档中的任意位置。
2. 选择**主控文件**组中的**锁定文档**按钮。 该子文档被锁定。一个挂锁显示在主文档左侧的子文档中。	单击 🔒锁定文档 按钮

子文档现在只能以只读模式打开。

6.7 打开子文档

步骤

打开子文档。

如果必要，切换到**大纲视图**。然后选择**展开子文档**按钮显示所有子文档的文本。所有文档都应该未锁定。

在"Student"文件夹中打开 **PRODUCT6. docx**，并查看 **Products Distributed by Worldwide Sporting Goods** 标题。它和主控文档中显示的标题文本相同。然后关闭 **PRODUCT6. docx**。

在 **MASTER2. docx** 中，在第一个子文档顶部的 **Products Distributed by Worldwide Sporting Goods** 标题末尾输入 **Inc.** 。

双击要打开的子文档左侧的子文档图标。子文档在单独的应用程序窗口中打开。	双击第一个子文档左侧的

请注意,源文件 **PRODUCT6. docx** 中的文本,**Inc.** 已更新。

关闭 **MASTER2. docx**。

6.8 复习及练习

创建主文档

1. 创建一个新的空白文档。

2. 切换到**大纲视图**并插入以下子文档:**INVITE. docx**,**DIRECTN. docx** 和 **LIST. docx**。

3. 删除文档顶部的页面分节符。
   (**提示**:按[**Ctrl＋Home**]组合键转到文档顶部。显示格式标记,然后选择并删除页面分节符。关闭格式标记。)

4. 将文件保存到 **Student** 文件夹,文件名为 **SHOWCASE_L3. docx**。

5. 折叠,然后展开子文档。

6. 在主文档中,找到 **DIRECTIONS TO THE SHOWCASE** 子文档,并在步骤 4 中将 **three** 改为 **four**,保存主文档。

7. 打开 **DIRECTN. docx** 子文档。请注意,步骤 4 中的文本已更新。

8. 切换回 **SHOWCASE_L3. docx** 并转到文档顶部。

9. 将插入点放在第一个子文档中的 **Join** 单词之前,插入一个分隔符。

10. 关闭新的子文档,然后使用子文档图标打开文档。

11. 关闭所有打开的文档而不保存。从 **Student** 文件夹中删除 **SHOWCASE_L3. docx**。

第 7 课

创 建 目 录

在本节中,您将学习以下内容:
- 使用目录
- 创建目录
- 使用自定义样式
- 更新目录
- 使用大纲级别

7.1 使用目录

💡 **概念**

大文件(如说明手册、书籍或报告)开头的目录可以列出文档中所有标题和副标题的内容和页码,方便读者更容易地查找信息。

对于在计算机上使用的大型文档,目录还应包括链接到文档中每个标题和副标题具体位置的超链接,以便查阅更多信息和说明。按下 Ctrl 键并停留在目录上时,可激活并单击标题/副标题的超链接。

7.2 创建目录

👣 **步骤**

在"Student"文件夹中打开 **PACK13.docx**,生成目录。

1. 将插入点处于要插入目录的位置。 插入点处于所需的位置。	如果必要,按[**Ctrl＋Home**]组合键
2. 选择**功能区**中的**引用**选项卡。 显示**引用**选项卡。	单击**引用**选项卡
3. 在**目录**组中单击**目录**按钮。 **目录**列表菜单打开。	单击 📄 **目录** 按钮
4. 选择所需的目录样式。 基于所选样式的目录插入到文档中。	单击**自动目录 1** 选项

鼠标移动到目录中的 **Benefits of Worldwide Telephony Systems** 标题并按住 [**Ctrl**]键。注意鼠标指针变为手的形状。单击 **Benefits of Worldwide Telephony Systems** 标题，Word 转到相应的文档文本。

关闭 **PACK13. docx** 而不保存。

7.3 使用自定义样式

步骤

在"**Student**"文件夹中打开 **PACK14. docx**。

使用自定义样式来生成目录。

转到第 5 页，然后单击 **Product Features** 标题。单击开始选项卡上**样式**组中的启动器箭头，显示**样式**任务窗格。请注意，用户定义的**有效样式**已应用于标题。关闭**样式**任务窗格并返回到文档的顶部。

1. 将插入点处于要插入目录的位置。 　　插入点处于所需的位置。	如果必要，单击[**Ctrl＋Home**]组合键
2. 单击**引用**选项卡。 　　显示**引用**选项卡。	单击**引用**选项卡
3. 在**目录**组中单击**目录**按钮。 　　**目录**列表菜单打开。	单击 📄 **目录** 按钮
4. 选择**自定义目录(C)**...命令。 　　将打开目录对话框，并显示目录页面。	单击**自定义目录(C)**...命令
5. 单击**选项**按钮。 　　目录选项对话框打开。	单击 选项(O)... 按钮

（续表）

6. 选择**样式**选项。 **样式**选项被选中。	选择 □**样式** 复选框，如有必要，勾选该选项
7. 在**目录级别**下，选择要包含在目录中的样式右侧的框。 插入点处于所需的**目录级别**框中。	单击**有效样式**右边的框
8. 输入相应样式所需的目录表级别（从 **1** 到 **9**）。 数字输入到**目录级别**框中。	输入 **3**
9. 从**目录**中选择要删除的样式右侧的**目录级别**框中的数字。 选择号相应的数字。	在**标题 3** 框中，双击数字 3
10. 按［**Delete**］键。 该号码被删除，并且取消选择标题样式。	按［**Delete**］键
11. 单击**确定**按钮。 目录选项对话框关闭。	单击　确定　按钮
12. 单击**确定**按钮。 目录对话框关闭，并插入目录。	单击　确定　按钮

7.4　更新目录

步骤

将光标插入 **CUSTOMER INFORMATION** 页面（第 2 页）上的 **Worldwide Sports...** 文字上方的空白行中，然后按［**Ctrl＋Enter**］组合键插入分页符。按［**Ctrl＋Home**］组合键移动到文件顶部。

1. 选择**功能区**中的**引用**选项卡。 显示**引用**选项卡。	单击**引用**选项卡
2. 在**目录**组中选择**更新目录**按钮。 将打开**更新目录**对话框。	单击 ⬚! 更新目录 按钮
3. 选择所需的更新选项。 选择更新选项。	选中 ○只更新页码 单选按钮
4. 单击**确定**按钮。 更新目录对话框关闭,并更新目录中的页码。	单击 [确定] 按钮

请注意,从 **PRODUCTS DISTRIBUTED BY WORLDWIDE SPORTS** 行开始,目录中的页码已更改。

关闭 **PACK14.docx** 而不保存。

7.5 使用大纲级别

⏩ 步骤

在"**Student**"文件夹中打开 **OUTTOC.docx**。

使用大纲级别生成目录,转到第 3 页。

1. 选择要包含在目录中的文本。 文本被选中。	点击 **Delivery** 文字左侧的选择栏
2. 选择**功能区**中的**视图**选项卡。 显示**视图**选项卡。	单击**视图**选项卡

（续表）

3. 在**视图**组中选择**大纲视图**按钮。 文档视图更改为大纲视图，**大纲工具**选项卡显示在**功能区**上。	单击 大纲视图 按钮
4. 选择**大纲级别**列表。 显示**大纲级别**列表。	单击**大纲级别**列表 1级 ▾
5. 选择所需的大纲级别。 级别被分配给文本。	单击**3级**
6. 根据需要将大纲级别分配给其他文本。 大纲级别相应分配。	按照表格下方的说明继续下一步
7. 将插入点移动到要插入目录的位置。 插入点处于所需的位置。	按[**Ctrl＋Home**]组合键
8. 选择**引用**选项卡。 显示**引用**选项卡。	单击**引用**选项卡
9. 选择**目录**组中的**目录**按钮。 该**目录**列表菜单打开。	单击 目录 按钮
10. 选择**自定义目录(C)...**命令。 将打开目录对话框。	单击**自定义目录(C)...**命令
11. 在**常规**部分，选择**格式**。 显示可用格式的列表。	单击**格式** ▾ 按钮
12. 选择所需的目录格式。所选格式显示在**打印预览**和**网络预览**框中。	点击**古典**选项

（续表）

13. 选择**制表符前导符**列表。 显示可用的制表符前导符的列表。	点击**制表符前导符** ▼
14. 选择所需的标签页。 所选标签页的标题显示在选项卡引导框中。	单击……（第二个选项）
15. 单击**选项**按钮。 目录选项对话框打开。	单击 选项(O)... 按钮
16. 如果必要，选择**大纲级别**选项。 该**大纲级别**选项被选中。	勺选 □ **大纲级别**复选框，如果必要，勺选该选项
17. 单击**确定**按钮。 目录选项对话框关闭。	单击 确定 按钮
18. 单击**确定**按钮。 目录对话框关闭，目录插入到文档中。	单击 确定 按钮

标记第 3 页的以下附加目录条目。

文档文本	目录级别
Payment	3
Minimum Order	3
Returns	3
Prices	3
Breakage and Loss	3
Cancellation	3

使用状态栏上的**快捷方式视图**按钮返回**页面视图**。注意目录已应用于指定的条目、级别和格式。

关闭 **OUTTOC. docx** 而不保存。

7.6 复习及练习

创建和更新目录

1. 在"Student"文件夹中打开 **MANUAL6. docx**。

2. 将插入点移动到文档的开头。

3. 使用**特色**格式和 **3 级**创建目录,然后生成目录。

4. 打开 **WORDPROC. docx**。

5. 选择并复制整个 **WORDPROC. docx** 文档。

6. 如有需要,切换到 **MANUAL6. docx**。下拉并将光标插入 **Naming New Documents** 标题上方的行上,然后粘贴复制的文本。

7. 更新整个目录,而不仅仅是页码。

8. 关闭这两个文件而不保存。

创 建 索 引

在本节中,您将学习以下内容:

- 使用索引
- 创建主索引项
- 创建子索引项
- 输入索引项
- 交叉引用索引项
- 生成索引
- 更新索引

8.1 使用索引

概念

索引是包括在文档、书籍或报告中的主题的字母表列表,包括可以找到引用的页码。

索引通常出现在文档的末尾。Word 最多可以创建三个级别的索引,即每个索引项都可以拥有一级子主题,而且第二级中的每个子主题都可以拥有一个附加级别的子主题。此外,还可以创建对其他索引项的交叉引用。交叉引用可以将读者引导到另一个主题。

8.2 创建主索引项

步骤

在"student"文件夹中打开 **PACK16. docx**。

为索引创建主项。

如有必要,请转到文档的顶部。

1. 选择要标记为索引项的文本。 选择文本。	单击 **Sporting Equipment** 文本左侧的选择栏
2. 选择**功能区**中的**引用**选项卡。 显示**引用**选项卡。	单击**引用**选项卡

（续表）

3. 在**索引**组中选择**标记索引**项按钮。 **标记索引项**对话框打开，**主索引项**框中的文本被选中。	单击 **标记索引** 按钮
4. 根据需要选择**标记**或**标记全部**。 将**标记索引项**的{XE}域代码插入到文档中，并显示格式标记。	单击 标记(M) 按钮
5. 单击**关闭**按钮。 **标记索引项**对话框关闭。	单击 关闭 按钮

实践：标记第 1 页上的 **Clothing** 作为主索引项。打开**标记索引项**对话框。

通过选择每个索引项来标记以下索引项，单击**标记索引项**对话框以激活它，并选择相应的**标记**命令。

将第 1 页上的 **Supplies** 和 **Memorabilia** 标题标记为主索引项。选择第 2 页上的 **Features**（在 **Product Features** 标题中），然后**选择标记**全部按钮，标记文档中所有出现的单词。

关闭**标记索引项**对话框。隐藏格式标记。

提示：您可以通过选择整个域（包括域大括号），然后按键盘上的 **Delete** 键来删除标记的索引项。

8.3 创建子索引项

 步骤

创建子索引项。

如有必要，请转到文档顶部的**功能区**并显示**引用**选项卡。

1. 选择要标记为主索引项的文本。 文字拖动时会突出显示。	拖动并选择 **Products Distributed by Worldwide Sporting Goods** 标题中的 **Products Distributed** 文本
2. 释放鼠标按钮。 文本被选中。	释放鼠标按钮
3. 在**索引**组中选择**标记索引项**按钮。 **标记索引项**对话框打开,**主索引项**框中的文本被选中。	单击 [标记 索引项] 按钮
4. 选择**子索引项**框。 插入点位于**子索引项**框中。	按[**Tab**]键
5. 键入所需的子索引项文本。 在**子索引项**框中输入文本。	输入 **Equipment** 文本
6. 根据需要选择**标记**或**标记全部**。 索引项的|**XE**|域代码插入到文档中。	单击 [标记(M)] 按钮
7. 根据需要创建其他子索引项。 为每个子索引项插入文档中的|**XE**|域代码。	按照表格下方的说明继续下一步
8. 选择**关闭**。 **标记索引项**对话框关闭。	单击 [关闭] 按钮

单击以下三个标题中的每一个之后的现有主索引项的右侧:**Clothing**、**Supplies** 和 **Memorabilia**。

创建子索引项。输入 **Products Distributed** 作为每个的主索引项和并将相应的标题作为子索引项。

返回表格,继续下一步(步骤 8)。

请注意,每个子索引项都显示在单独的 {**XE**} 域中,并包含主索引项。

8.4 输入索引项

步骤

输入索引项。

如有必要,请转到文档顶部的功能区并显示引用选项卡。

1. 将插入点处于要插入索引项的位置。 插入点处于所需的位置。	根据需要滚动,然后单击 **Clothing** 标题上方的空白行
2. 在**索引**组中选择**标记索引项**按钮。 **标记索引项**对话框打开,插入点在**主索引项**框中。	单击 [标记索引] 按钮
3. 输入所需的文本。 在**主索引项**框中输入文本。	输入 **Apparel**
4. 根据需要选择**标记**或**标记全部**。 {**XE**} 域代码被插入到文档中的插入点,并显示格式标记。	单击 [标记(M)] 按钮
5. 选择**关闭**。 **标记索引项**对话框关闭。	单击 [关闭] 按钮

8.5 交叉引用索引项

步骤

交叉引用索引项。

如有必要,请转到文档顶部的功能区并显示引用选项卡。

1. 选择要交叉引用的文本。 文字拖动时会突出显示。	根据需要滚动,然后拖动并选择 **Sporting Equipment** 下面第一段第二行中的 **limited warranty** 文本
2. 释放鼠标按钮。 选择文本。	释放鼠标按钮
3. 在索引组中选择**标记索引项**按钮。 **标记索引项**对话框打开,并在**主索引项**框中选择文本。	单击 [标记索引项] 按钮
4. 选择**交叉引用**选项。 该交叉引用选项被选中,插入点被放置在交叉引用框中的单词 **See** 后面。	选中 ◉ **交叉引用**单选按钮
5. 输入要交叉引用所选文本的文本。 在交叉引用框中输入文本。	输入 **Returns**
6. 选择**标记**。 的〔**XE**〕域代码被放置在文档中的插入点。	单击 [标记(M)] 按钮
7. 选择**关闭**。 **标记索引项**对话框关闭。	单击 [关闭] 按钮

实践:在第 4 页,选择 **Returns** 标题,并创建到 **limited warranty** 文本的交叉引用;斜体显示交叉引用项。可以斜体显示标记索引项对话框中或文档中的文本。

8.6 生成索引

步骤

生成索引。

如有必要,请在功能区上显示引用选项卡。

1. 将插入点处于要将索引放置在文档中的位置。 插入点处于所需的位置。	按[**Ctrl**＋**End**]组合键
2. 在**索引**组中选择**插入索引**按钮。 **插入索引**对话框打开。	单击 📄 **插入索引** 按钮

（续表）

3. 在**类型**中，选择所需输入的索引。 选择该选项。	选中 ◯**缩进式** 单选按钮
4. 在**栏数**数值框中输入要在索引中显示的**栏数**。 栏数显示在**栏数**文本框中。	如有必要，单击 ⬍ 将栏数设置为 **2**
5. 选择**格式**列表。 显示可用格式的列表。	单击**格式** ▼ 按钮
6. 选择所需的格式。 该格式可在**打印预览**框中预览。	根据需要滚动并选择**正式选项**
7. 如果必要，选择**页码右对齐**选项。 **页码右对齐**选项被选中。	如果必要，勾选 ☐**页码右对齐** 复选框
8. 选择**制表符前导符**列表。 显示可用的制表符前导符的列表。	单击**制表符前导符** ▼ 按钮
9. 选择所需的标签页。 制表符前导符显示在**制表符前导符**框中。	如有必要，点击……（第二个选项）
10. 选择**确定**。 索引对话框关闭，并在插入点输入索引。	单击 [**确定**] 按钮

如有必要，隐藏格式标记并切换到页面视图，以查看索引。

8.7 更新索引

 步骤

更新索引。

将插入点放在第 2 页的 **Service Features** 标题之前,按[**Ctrl＋Enter**]组合键插入分页符。然后,转到文档的末尾并滚动查看所有索引。

1. 将插入点放到索引中。 　　插入点处于所需的位置。	单击索引文本中的任意位置
2. 选择**引用**选项卡**索引**组上的**更新索引**按钮。 　　索引已更新。	单击 更新索引 按钮

请注意,索引中的页码会更改,以反映插入的分页符。

关闭 **PACK16. docx** 而不保存。

8.8 复习及练习

 创建索引项,生成和更新索引

1. 在"student"文件夹中打开 **INDEX6. docx**。

2. 将 **Creating a Document** 标题标记为主索引项。

3. 将 **Naming the Document** 标题标记为子索引项。

4. 转到第 3 页,将页面顶部的 **Modify Document Defaults** 文本标记为主索引项。不要包含单词 **Screen**。

5. 在第 3 页,将 **Allow Widows and Orphans**,**Automatic Page Breaks** 和 **Backup Before Edit Document** 标题标记为文本 **Modify Document Defaults** 的子索引项。同时将其标记为主索引项。

6. 将插入点移动到 **Backup Before Edit Document** 标题上方的行中,输入 **Saving a File Copy** 一个主索引项。将 **Saving a File Copy** 索引项交叉引用到 **Backup Before Edit Document**,然后标记该索引项。

7. 关闭**标记索引项**对话框。

8. 按[**Ctrl＋End**]组合键转到文档的末尾。

9. 在插入点上生成一个格式为**现代**的两列索引。对齐页面编号并选择所需的选项卡。

10. 转到第 1 页,并在 **Naming the Document** 标题下面的第一段中选择单词 **filename**。将所有出现的 **filename** 作为主索引项。

11. 按[**Ctrl＋End**]组合键转到文档的末尾,然后更新索引。

12. 关闭文档而不保存。

第 9 课

使用书签、题注和脚注

在本节中,您将学习以下内容:

- 使用书签
- 创建书签
- 查看书签
- 跳转到书签
- 交叉引用到书签
- 删除书签
- 插入题注
- 插入图表目录
- 插入交叉引用
- 插入脚注
- 设置注释选项
- 将脚注转换为尾注

9.1 使用书签

💡 概念

当使用长文档时，可以标记文档中的特定位置，以便使用时可以更容易地返回到这些位置，可以使用书签实现。书签可以用在文档中标记位置或标记所选文本、图形、表格和其他对象。

书签也可用于创建交叉引用或标记索引项的一系列页面。

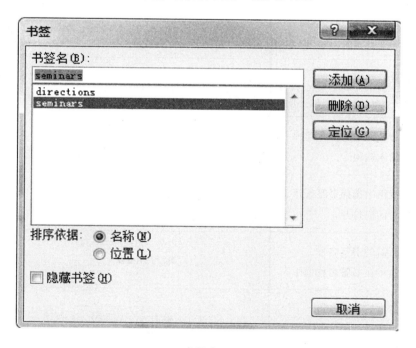

书签窗口

9.2 创建书签

步骤

在"student"文件夹中打开 **PACK17. docx**。

创建一个书签。

转到文档的第 5 页。

1. 选择要添加书签的项目。 文字拖动时会突出显示。	拖动并选择 **Fitness Equipment** 标题
2. 释放鼠标按钮。 选择文本。	释放鼠标按钮
3. 选择**功能区**中的**插入**选项卡。 显示**插入**选项卡。	单击**插入**选项卡
4. 在**链接**组中选择**书签**按钮。 书签对话框打开。	单击 **书签** 按钮
5. 输入所需的书签名称。 文本显示在**书签名称**框中。	输入 **fitness**
6. 选择**添加**按钮。 书签对话框关闭并保存书签。	单击 添加(A) 按钮

实践：转到第 4 页，选择文字 **Minimum Order** 并创建一个名为 **order** 的书签。

转到第 3 页，选择文字 **Advertising Agreement**，并创建一个名为 **advertising** 的书签。单击文档中的任意位置以取消选择文本。

9.3　查看书签

步骤

查看书签。

1. 选择**文件**选项卡。 在后台**视图**中打开。	单击**文件**选项卡
2. 选择**选项**。 Word **选项**对话框打开。	单击 **选项** 命令
3. 选择**高级**选项。 **高级**选项会显示在对话框的右侧。	单击**高级**选项
4. 在显示**文档内容**下方,勾选**显示书签**复选框。 该**显示书签**选项被选中。	勾选 ☐ 显示书签(K) 复选框
5. 选择**确定**。 Word 选项对话框关闭,书签显示在文档中。	单击 确定 按钮

根据需要滚动并查看第 3、4 和 5 页的书签。

再次打开 Word 选项对话框,取消选择**显示书签**复选框。

9.4 跳转到书签

步骤

跳转到书签。

如有必要,请跳转到文档的顶部。按[**Ctrl＋Home**]组合键。

1. 选择**功能区**中的**插入**选项卡。 显示**插入**选项卡。	单击**插入**选项卡
2. 选择**链接**组的**书签**按钮。 **书签**对话框打开。	单击 ▶书签 按钮
3. 从**书签名称**列表框中选择所需的书签。 书签显示在**书签名称**框中。	单击 **order**
4. 选择定位。 文档中带书签的文本被选中。	单击 定位(G) 按钮
5. 选择关闭。 **书签**对话框关闭。	单击 关闭 按钮

实践:打开**书签**对话框,转到 **fitness** 书签,然后到 **advertising** 书签,而不关闭**书签**对话框。然后关闭**书签**对话框。

9.5 交叉引用到书签

步骤

交叉引用到书签。

如有必要，请转到文档的顶部。按[Ctrl＋Home]组合键。

1. 将插入点处于要创建交叉引用的位置。 　插入点处于所需的位置。	单击 Sporting Equipment 标题下的 第三段末尾
2. 如果必要，请输入交叉引用的介绍性文本。 　插入点插入文本。	输入 For specific items, see
3. 选择**功能区**中的**插入**选项卡。 　显示**插入**选项卡。	单击**插入**选项卡
4. 在**链接**组中选择**交叉引用**按钮。 　**交叉引用**对话框打开。	单击　交叉引用　按钮
5. 选择**引用类型**列表。 　显示可用引用类型的列表。	单击**引用类型**　按钮
6. 选择**书签**。 　**书签**显示在**引用类型**框中，文档中定义的所有书签 都显示在**引用哪一个书签**列表框中。	单击**书签**选项
7. 选择**引用内容**列表。 　出现可用选项的列表。	单击**引用内容**　按钮
8. 选择所需的选项。 　该选项显示在**引用内容**框中。	单击书签文字
9. 选择**插入为超链接**。 　显示**插入为超链接**选项。	如果必要，勾选　**插入为超链接** 复选框
10. 从**引用哪一个书签**列表框中选择要包括在交叉引 　用中的书签。 　书签被选中。	单击 fitness

（续表）

11. 选择**插入**。 加书签的文本作为交叉引用插入到文档中。	单击 　插入(I)　 按钮
12. 选择**关闭**。 **交叉引用**对话框关闭。	单击 　关闭　 按钮

根据需要在文档中的交叉引用中添加空格和标点符号。然后按[**Ctrl**]键并单击**交叉引用**，以转到引用的文本。

9.6 删除书签

🦶 步骤

删除书签。

1. 选择**功能区**中的**插入**选项卡。 显示**插入**选项卡。	单击**插入**选项卡
2. 选择**链接**组中的**书签**按钮。 **书签**对话框打开。	单击 　书签　 按钮
3. 选择要删除的书签。 已选择书签。	单击 advertising
4. 选择**删除**。 书签从**书签名称**列表框中删除，并从文档中删除。	单击 　删除(D)　 按钮
5. 选择**关闭**。 **书签**对话框关闭。	单击 　关闭　 按钮

关闭 **PACK17. docx** 而不保存。

9.7　插入题注

💡 概念

如果文档中有包含图像和文本的文档，可能需要为这些图像添加图注，对其进行描述或解释。图注与正文不同，与图像相关联，提供与图像相关的信息，并帮助读者正确识别或解释图像。

也可以使用类似的方法来为表格、公式和其他项目添加题注。

👣 步骤

在"**student**"文件夹中打开 **CAPTION. docx**。

插入题注。

1. 选择要添加题注的项目。 选择图像，并在图像周围显示选择手柄。**图片工具** →**格式**选项卡出现在**功能区**。	单击第一页上的第一张图片
2. 选择**功能区**中的**引用**选项卡。 显示**引用**选项卡。	单击**引用**选项卡

（续表）

3. 选择题注组中的**插入题注**按钮。 **题注**对话框打开。插入点位于**题注**框后的默认标签中。如有必要，可以单击**编号**按钮更改数字格式。	单击**插入题注**按钮
4. 输入所需的题注，包括在标签之后出现的任何标点符号。 题注被输入。	输入：**Soccer is growing in popularity.**（包括冒号和句号）
5. 选择**确定**。 题注被创建并插入到图像下面。	单击 确定 按钮

实践：向下滚动并选择页面上的第二个图像。然后选择**插入题注**按钮。注意 Word 已自动分配标签 **Figure 2**。输入 **Baseball is always a winner.** ，然后单击**确定**按钮。

实践：滚动到第一页，选择 **Figure 1** 框，然后按［**Delete**］键。选择 **Figure 2** 框，在题注下按［**F9**］键。可以看到，题注已更新。

9.8 插入图表目录

💡 概念

图表目录可以使文档中的表格、图形、公式等以列表的形式呈现。每个图表都应该有题注，包含数字和项目说明。创建图表目录时，有各种格式设置选项可供选择。在图表目录中，为每个图生成一个页面引用或超链接。

步骤

插入一张图表目录。

要创建一个图表目录，请点击 **Worldwide Goods** 标题，然后按[**Enter**]键。

1. 将插入点放置于要插入图表的位置。 　　插入点出现在所需的位置。	如果必要，按[**Ctrl＋Home**]组合键
2. 选择**引用**选项卡。 　　显示**引用**选项卡。	单击**引用**选项卡
3. 选择**题注**组**插入表目录**按钮。 　　图表目录对话框打开。	单击**插入表目录**按钮
4. 选择**确定**。 　　文件中插入了图表目录。	单击 确定 按钮

按[**Ctrl＋Home**]组合键并输入一个段落。然后在表格上方输入 **Table of Figures** 标题。

9.9 插入交叉引用

💡 概念

通过交叉引用,可以在文档中插入另一个项目的引用,如特定页面、标题、副标题、图形或表格。引用资料以超链接的形式出现,以便读者在电子文档中直接转到引用项目。如果项目在文档中被移动或页面编号被更改,引用中的超链接将自动更新。

👣 步骤

插入交叉引用。

向下滚动到文档的第 2 页。

1. 将插入点处于要插入交叉引用的位置。 插入点处于所需的位置。	点击列表项 7 中的文本 **cooperative advertising agreements** 后面
2. 选择**功能区**中的**引用**选项卡。 显示**引用**选项卡。	单击**引用**选项卡
3. 选择**题注**组中的**交叉引用**按钮。 **交叉引用**对话框打开。	单击 ⊟交叉引用 按钮
4. 选择**引用类型**列表。 显示**引用类型**列表。	单击**引用类型** ▼ 按钮

（续表）

5. 选择所需的**引用类型**。 引用内容和引用**哪一个书签**根据所选**引用类型**的变化而变化。	单击**书签选项**
6. 在**引用哪一个书签**框中选择要引用的具体项目。 项目被选中。	如有必要，单击 **Advertising**
7. 选择**引用内容**列表。 显示**引用内容**列表。	单击**引用内容** ▼
8. 选择所需的引用文本（例如，**整个题注、题注文字**或**页码**，具体视软件设置而定）。 选择所需的文本。	单击**页码**
9. 选择**插入**。 交叉引用作为页码插入到文档中。	单击 插入(I) 按钮
10. 选择**关闭**。 交叉引用对话框关闭。	单击 关闭 按钮
11. 在交叉引用之前和/或之后输入适当的文本。 根据需要提供交叉引用。	在参考链接钱处输入**-see page**。

鼠标指向交叉链接。按[**Ctrl**]键并同时单击以追踪该链接。

关闭 **CAPTION. docx** 而不保存。

9.10 插入脚注

💡 概念

脚注是出现在页面末尾的小注释。每个注释都有一个数字或字母，表明在其上面的页面中引用的一段文本。在每个脚注编号之后，可以有一行文本提供更多信息，可以是对于在上面的页面中提到的主题的批注，也可以是提供引用，方便读者找到更多信息。

尾注类似于脚注，它们都由两个链接的部分组成：注释引用标记和相应的注释文本。但尾注显示在文档的末尾，而不是每个页面的末尾。

有时候尾注比脚注更加合适。因为如果文档每页最后都有很多脚注，会占用太多的空间并且导致阅读困难。

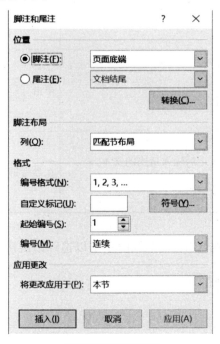

脚注和尾注对话框

🏃 步骤

在"student"文件夹中打开 **PACK18. docx**。

插入一个注释。

切换到**草稿**视图。

1. 将插入点放置于要添加注释的文本中。 　　插入点处于所需的位置。	在 **Sporting Equipment** 标题下的第一段结尾，单击 **warranty** 后面的位置
2. 选择**功能区**中的**引用**选项卡。 　　显示**引用**选项卡。	单击**引用**选项卡
3. 选择**脚注**组的启动箭头。 　　脚注和尾注对话框打开。	在**脚注**组单击 ⤢ 按钮
4. 在**位置**下，选择注释类型。 　　**脚注**选项被选中。	选中 ◉ **脚注**单选按钮
5. 选择**格式**下的**编号**格式。 　　显示可用选项的列表。	单击**编号** ▼ 按钮
6. 如果必要，请选择所需的选项。 　　相应的选项被选中。	单击**连续**选项
7. 选择**插入**。 　　脚注和尾注对话框关闭。批注引用标记放置在插入点，**脚注**窗格打开。	单击 　插入(I)　 按钮
8. 输入所需的注释文本。 　　注释文本在**脚注**窗格中输入。	输入 **See specific item warranty for details.**
9. 在**脚注**窗格中选择**关闭**按钮。 　　**脚注**窗格关闭。	单击 ✗ 按钮

实践：转到第 3 页，然后单击 **Item 2 Initial advertising budget** 的末尾。打开脚注和尾注对话框，插入以下尾注：**This agreement will be reviewed annually to determine whether adjustments are necessary**。

转到第 6 页，在 **Exercise Bikes** 标题末尾点击。打开脚注和尾注对话框，插入以下脚注：**Manufacturer's extended warranty is 30 days**。然后关闭脚注窗格。

在后台视图中预览文档。滚动文档以查看第 1 页和第 6 页底部的脚注以及第 7 页的尾注。

9.11 设置注释选项

步骤

设置注释选项。

1. 选择**功能区**中的**引用**选项卡。 　　显示**引用**选项卡。	单击**引用**选项卡
2. 选择**脚注**组中的启动器箭头。 　　**脚注和尾注**对话框打开。	在**脚注**组中单击 ⬚ 按钮
3. 在**位置**下，选择所需的注释类型。 　　**尾注**选项被选中。	选中 ◉ **尾注**单选按钮
4. 选择相应的注释列表。 　　显示可用选项的列表。	单击**尾注**选项
5. 选择所需的选项。 　　该选项被选中。	单击**文档结尾**
6. 选择**编号格式**列表。 　　显示可用编号格式的列表。	选择**编号格式**

（续表）

7. 选择所需的数字格式。 选择数字格式。	单击 **A, B, C** 选项
8. 选择应用。 **脚注**和**尾注**对话框关闭，并保存**注释**选项。	单击 **应用(A)** 按钮

转到文件中的第 3 页。注意 **Item 2** 段落结尾处的尾注使用字母 A 作为注释引用标记。

9.12　将脚注转换为尾注

步骤

转到第 1 页，如有必要，使用**视图**选项卡切换到**草稿**视图。

1. 打开文档并选择**引用**选项卡。 显示**引用**选项卡。	单击**引用**选项卡
2. 点击**脚注**和**尾注**对话框启动器。 显示对话框。	在**脚注**组单击 按钮
3. 选择**尾注**选项。 选择了**尾注**选项。	选中 **尾注**单选按钮
4. 单击**转换**选项。 显示**转换**注释对话框。	单击**转换**按钮
5. 选择所需的选项。 所有脚注都转换为尾注。查看文档最后一页的更改。	单击**脚注全部转换为尾注**

关闭 **PACK18.docx** 而不保存。

9.13 复习及练习

 ## 插入题注和书签

1. 在"student"文件夹中打开 **CAPTIONEX.docx**。

2. 选择第 1 页右侧的第一张图像。

3. 添加题注,并在题注框键入-**Meet world renowned figure skaters**。

4. 将**编号**格式更改为大写字母,然后单击**确定**按钮。(提示:单击**编号**)

5. 插入题注。

6. 在"student"文件夹中打开 **INVITEX1.docx**。

7. 为以下项目创建书签:

项目	页	书签名称
Directions to the Showcase	2	**directions**
Seminars and Demonstrations	2	**seminars**
EXERCISE BIKES	3	**bikes**
ROWING MACHINES	3	**rowers**
STEPPERS	3	**steppers**
TREADMILLS	4	**treadmills**

8. 在 Word 选项对话框的**高级**选项中选择**显示书签**选项。

9. 使用 **directions** 书签转到 **Directions to the Showcase** 文字。

10. 转到文档的顶部。将插入点放置于第二段末尾，并输入：See。

11. 为 seminars 书签创建超链接交叉引用。关闭交叉引用对话框。根据需要添加间距和标点符号。按[Ctrl]键并单击交叉引用以跳转到交叉引用的文本。

12. 删除 bikes 和 treadmills 书签。

第 10 课

使用邮件合并

在本节中,您将学习以下内容:

- 使用邮件合并
- 开始邮件合并
- 确定主文档
- 创建收件人列表
- 在收件人列表中自定义列
- 在收件人列表中重新排序列
- 保存收件人列表
- 在收件人列表中输入记录
- 排序要合并的记录
- 突出显示合并域
- 在文档中插入合并域
- 预览合并的数据
- IF-THEN-ELSE 语句
- 合并到新文档
- 合并到打印机

10.1　使用邮件合并

💡 概念

邮件合并是 Word 中的一个功能,可以轻松地将同一封信件发送给不同地址的不同用户。可以先创建信件,然后将其与包含单个名称和地址列表的数据源(也可能包含其他特定数据)进行合并。最终,数据源上的每个姓名和地址都会单独收到邮件。

邮件合并选项

10.2　开始邮件合并

👣 步骤

在**"student"**文件夹中打开 CANCUN1. docx。

注意:本课中的步骤仅针对将现有的邮件与新的数据源合并。然而,根据**邮件合并**任务窗格提供的说明,还可以够将本课中学到的内容应用于其他情况——正在使用新的主文档、现有数据源,以及这些文档的任意组合。

1. 选择**邮件**选项卡。 　　显示**邮件**选项卡。	单击**邮件**选项卡
2. 在**开始邮件**合并组中选择**开始邮件**合并按钮。 　　**开始邮件**合并列表菜单打开。	单击 开始邮件合并 按钮

（续表）

3. 选择**邮件合并**分步向导。 **邮件合并任务窗格打开。**	单击**邮件合并**分步向导命令

10.3 确定主文档

 步骤

确定主文档。

1. 在**文档类型**下，选择所需的文档类型。 文档类型已选择好。	选中 ◎ **信函**单选按钮
2. 在**第 1 步，共 6 步**下，选择**下一步：开始文档**链接。 **第 2 步，共 6 步**显示在**邮件**合并任务窗格中。	单击**下一步：开始文档**链接
3. 在**选择开始文档**下，选择所需的主文档。 选择**使用当前文档**选项。	选中 ◎ **使用当前文档**单选按钮

10.4 创建收件人列表

 步骤

创建数据源或收件人列表。

1. 在**第 2 步，共 6 步**下，选择下一步：**选择收件人**链接。 　　**第 3 步，共 6 步**显示在**邮件合并**任务窗格中。	单击下一步：**选择收件人**链接
2. 在**选择收件人**下，选择**键入新列表**选项。 　　**键入新列表**被选中，任务窗格显示相应的选项。	选中 ⬤ **键入新列表**单选按钮
3. 在**键入新列表**下，选择**创建**链接按钮。 　　**新建地址列表**对话框打开，插入点在职务框中。	单击 ▧创建... 按钮

保持**新建地址列表**对话框打开。

10.5　在收件人列表中自定义列

👣 步骤

自定义收件人列表中的列。

1. 在**新建地址列表**对话框中选择**自定义列**按钮。 　　打开**自定义列**对话框，并选择第一个域名称。	单击 自定义列(Z)... 按钮
2. 选择**添加**。 　　**添加域**对话框打开，插入点位于**键入域**名框中。	单击 添加(A)... 按钮
3. 在**键入域**名框中键入所需的字段名称。 　　域名称显示在**键入域**名框中。	输入文本**区域**

（续表）

4. 选择**确定**。 添加域对话框关闭。新域名称显示在字段名列表中的第一个域名称下方。	单击 确定 按钮
5. 选择要从**字段名**列表中删除的字段。 选择该域。	单击**公司名称**
6. 选择**删除**。 Microsoft Word 消息框打开，要求您确认删除。	单击 删除(D) 按钮
7. 选择**是**。 Microsoft Word 消息框关闭，该**域**从**域名称**列表中删除。	单击 是(Y) 按钮

实践：添加另一个名为 **QtrSales** 的域。删除以下域名称：**住宅电话**和**单位电话**。

选择**国家或地区**域，然后单击**重命名**。更改域名称为**国家**然后单击**确定**。

保持**自定义地址**列表对话框打开。

10.6 在收件人列表中重新排序列

步骤

重新排列收件人列表中的域。

1. 选择要移动的域。 域名称被选中。	单击**区域**
2. 根据需要选择**上移**或**下移**。该域在字段名列表中相应地向上或向下移动。	单击 下移(N) 按钮两次（移动到在名字域下面）

实践:将 **Qtr Sales** 移动到国家下方。将**电子邮件地址**移动到 **Qtr Sales** 的上方。

保持自定义地址列表对话框打开。

10.7　保存收件人列表

步骤

保存收件人列表。

1. 完成自定义收件人列表字段之后,选择**确定**。 **自定义地址列表**对话框关闭。**新建地址列表**对话框显示根据自定义排列的列。	单击 [确定] 按钮
2. 选择**确定**。 **新建地址**列表对话框关闭。**存储地址**列表对话框打开,插入点位于**文件名**框中。	单击 [确定] 按钮
3. 在文件名框中输入所需的文件名。 文字显示在文件名框中。	输入 **sales1**
4. 选择**保存**。 **保存地址**列表对话框关闭。显示邮件合并收件人对话框。	单击 [保存(S)] 按钮

保持邮件合并收件人对话框打开。

10.8 在收件人列表中输入记录

👣 步骤

将记录输入收件人列表。

1. 在邮件合并收件人对话框的**数据源**列表中双击数据源文件名。 编辑数据源对话框出现,插入点位于第一个字段。	双击 **SALES1. MDB**
2. 在第一个域中输入所需的信息。 文本显示在第一个域中。	输入 **Ms.**
3. 按[**Tab**]键。 插入点移动到第一个记录中的下一个字段。	按[**Tab**]键
4. 根据需要输入记录的其余字段信息。 信息显示在数据域中。	按照表格下方的说明继续下一步操作
5. 要添加其他记录,请选择**新建条目**按钮。 显示一个新的空白数据记录。	单击 新建条目(N) 按钮
6. 根据需要输入新增记录信息。 信息输入到新记录中。	按照表格下方的第二点的说明内容操作,然后继续下一步操作
7. 输入所有需要的记录后,选择**确定**。 Microsoft Word 消息框打开,要求确认要更新收件人列表,并将更改保存到数据源文件。	单击 确定 按钮

（续表）

8. 确认操作正确无误。选择是按钮确认保存对数据源的更改。 Microsoft Word 消息框和编辑数据源对话框关闭。 记录显示在邮件合并收件人对话框中。	单击 **是(Y)** 按钮
9. 选择**确定**。 邮件合并收件人对话框关闭。显示主文档和邮件合并任务窗格。	单击 **确定** 按钮

使用下表中显示的信息填写第一条记录，将**地址行 2** 字段留空。由于在前面创建了单独的省、市和邮政编码字段，因此您不需要在"市"名称后面输入逗号。

领域	记录 1
职务	Ms.
名字	Elaine
姓氏	Chua
区域	Central
地址行 1	Sims Avenue
地址行 2	
市/县	Singapore
省/市/自治区	Singapore
邮政编码	08734
国家或地区	Singapore
QtrSales	23,445

返回表格，继续下一步（步骤 5）。

将以下两条记录添加到数据源中。添加记录 3 后不要创建新条目。

字段	记录 2	记录 3
职务	Mr.	Ms.
名字	Frank	Jackie
姓氏	Lim	Smith
区域	West Coast	East Coast
地址行 1	10 West Coast Road	102 Dove Road
地址行 2		
市/县	Singapore	Singapore
省/市/自治区	Singapore	Singapore
邮政编码	18888	09999
国家或地区	Singapore	Singapore
QtrSales	28,450	32,295

返回表格,继续下一步(步骤 7)。

请注意,保存的数据源的文件名现在显示在**邮件合并**任务窗格中的**使用现有列表**下。

10.9 排序要合并的记录

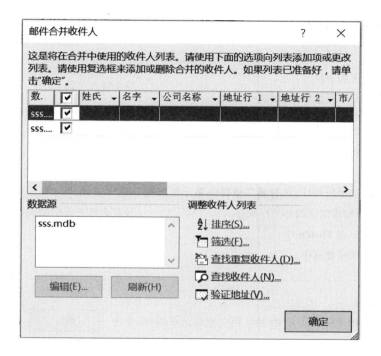

步骤

排序要合并的记录。

1. 在**邮件合并**任务窗格中的**使用现有列表**下，选择**编辑收件人列表**链接。 邮件合并收件人对话框打开。	单击　编辑收件人列表...　按钮
2. 选择要排序的域的列题注。 记录按所选字段升序排序。	根据需要滚动，然后单击省/市/自治区列标题

（续表）

3. 选择**排序**链接。 过滤器和排序对话框打开,显示**排序记录**页面。	单击 ⇅ 排序(S)... 链接
4. 选择**排序依据**列表。 显示可用字段的列表。	单击排序 ▼ 按钮
5. 选择要排序的字段。 字段名称显示在**排序依据**框中。	单击**姓氏**字段
6. 选择所需的排序顺序。 选择新的排序顺序。	选中 ◉ 升序单选按钮
7. 如需为附加字段排序,选择**第二依据**或**第三依据**列表,并选择所需的字段和排序顺序。 域名称显示在 **Thenby** 中。 框和排序顺序被选中。	按照表格下方中的说明操作,然后继续下一步
8. 选择**确定**。 过滤器和排序对话框关闭,并且相应地对记录进行排序。	单击 确定 按钮
9. 选择**确定**。 邮件合并收件人对话框关闭。	单击 确定 按钮

设置以下排序选项:

分类	领域	顺序
第二依据	名字	升序
第三依据	区域	升序

返回到表格,继续下一步(步骤 8)。

10.10　突出显示合并域

步骤

设置合并文档的显示选项。

1. 选择**文件**选项卡。 在后台视图中打开。	单击**文件**选项卡
2. 选择**选项**按钮。 Word 选项对话框打开。	单击 选项 按钮
3. 选择**高级**。 **高级**选项页面打开。	单击**高级**选项
4. 向下滚动到**显示文档内容**部分。 **显示文档内容**选项显示在屏幕上。	向下滚动到**显示文档内容**部分
5. 取消选择**显示域代码而非域值**选项。 **显示域代码而非域值**选项未被选中。	取消勾选 ☑ **显示域代码而非域值**复选框,取消选择
6. 选择**域底纹**列表。 显示可用选项的列表。	单击**域底纹** ▼ 按钮
7. 选择**始终显示**选项。 **始终显示**选项显示在**域底纹**框中。	单击**始终显示**选项
8. 选择**确定**。 关闭 Word 选项对话框,文档显示选项设置完毕。	单击 确定 按钮

10.11 在文档中插入合并域

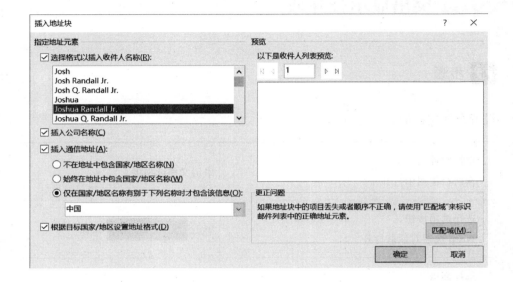

步骤

将合并域插入到文档中。

1. 在**第3步,共6步**下,选择**下一步:撰写信函**链接。 **第4步,共6步**显示在**邮件合并**任务窗格中。	点击**下一步:撰写信函**链接
2. 将插入点放置于要插入分组合并域的主文档中。 插入点移动到新位置。	如果必要,按[**Ctrl+Home**]组合键
3. 在**撰写信函**下,选择要插入的分组合并域的链接。 插入地址块对话框打开。	单击 [地址块] 按钮

（续表）

4. 选择或取消选择所需的选项。 选择或取消选择这些选项，并在右侧显示收件人列表中第一个地址的预览。	**点击选择格式以插入收件人名称** 下列表中的 **Mr. Josh Randall Jr.**
5. 要从收件人列表中预览其他地址，请使用预览框上方的箭头。 预览区域显示其他相应地址。	单击 ▷ 按钮两次
6. 选择**确定**。 插入地址块对话框关闭。分组的合并域将插入到插入点的主文档中。	单击 确定 按钮
7. 将插入点放置于要插入单个合并域的位置。 插入点移动到新位置。	点击**区域**:文本后面的位置
8. 在**撰写信函**下,选择**其他项目...** 链接。 插入合并域对话框打开。	单击 其他项目... 按钮
9. 选择所需的域。 域被选中。	单击**区域**
10. 选择**插入**。 合并域在插入点插入主文档。	单击 插入(I) 按钮
11. 选择**关闭**。 插入合并域对话框关闭。	单击 关闭 按钮

实践:使用**邮件合并**任务窗格中的**问候语**……链接在区域下方第二行插入 **Mr. Randall**(**提示**:将第一个列表框设置为**无**。)要从收件人列表预览其他问候语,请使用预览框上方的箭头。

最后,在信函正文中的第四行的美元符号后(句号之前)插入 **Qtr Sales** 域。关闭插入合并域对话框。

10.12　预览合并的数据

步骤

预览合并的文档。

1. 在**第 4 步**,**共 6 步**,选择下一步:**预览信函**链接。 **第 5 步**,**共 6 步**显示在**邮件合并**任务窗格中。首次 合并的记录可在文档窗口中预览。	点击**下一步**:**预览信函**
2. 在**预览信函**下,选择**下一个记录**按钮以预览每个合 并的记录。 可以预览相应的合并记录。	单击 >> 按钮两次
3. 在**预览信函**下,选择**上一个记录**按钮以返回合并的 记录。 可以预览之前合并的记录。	单击 << 按钮两次

10.13　IF-THEN-ELSE 语句

步骤

1. 将光标放置在"*For more enquiries，please contact* *your programme manager at：*"段落末尾。	单击**规则**按钮
2. 从下拉列表中选择规则。 显示 **IF..Then..Else** 对话框的插入域。	单击 **IF..Then..Else** 选项

（续表）

3. 选择应用该规则的域。 　　选择 **IF . . Then . . Else** 对话框。	从下拉列表中选择国家/地区。
4. 输入**插入此文本**的结果。 　　该文本显示在文本框中。	输入 **61231234**
5. 输入条件**否则插入此文本**。 　　该文本显示在文本框中。	输入＋**6562251221**

显示的电话号码将取决于邮件收件人中的第一条记录。

10.14　合并到新文档

👣 步骤

合并到一个新的文档。

1. 在**第 5 步,共 6 步**,选择下一步:**完成合并链接**。 　　**邮件**合并任务窗格中显示**第 6 步,共 6 步**。	单击下一步:**完成合并链接**
2. 在**邮件合并**下,选择**编辑单个信函**链接。 　　合并到新文档对话框打开。	单击 [编辑单个信函...] **链接**
3. 选择要合并到新文档的记录。 　　相应记录被选中。	选中 ⚪ **全部**单选按钮
4. 选择**确定**。 　　合并到新建文档对话框关闭。记录显示在新的合并文档中。	单击 [确定] **按钮**

滚动浏览新文档以视图合并的邮件形式。然后关闭文档而不保存。

10.15 合并到打印机

 步骤

合并到打印机。

1. 在**邮件合并**下,选择**打印**链接。 合并到打印机对话框打开。	单击 🖶 打印... 链接
2. 选择要合并到打印机的记录。 相应地选择记录。	选中 ◯ 全部单选按钮
3. 选择**确定**。 合并到打印机对话框关闭,打印对话框打开。	单击 确定 按钮
4. 在打印对话框中选择所需的选项,选择然后**确定**。 打印对话框关闭时,Word 打印合并的邮件。	单击 确定 按钮

关闭邮件合并任务窗格。关闭所有打开的文档而不保存。

10.16 复习及练习

使用邮件合并将邮件发送到收件人列表

1. 打开 **INTRVW1. DOCX** 并在必要时显示格式标记。

2. 取消选择**显示域代码而非域值**选项,如果必要,将**域底纹**设置为**始终显示**。
   (提示:单击**文件**选项卡→**Word** 选项→**高级**,在相应的页面中进行设置)。

3. 打开通过**邮件合并**任务窗格来完成**邮件合并**。

4. 使用当前文档创建一封信函给一组收件人。

5. 创建一个新的收件人列表。通过删除以下域来自定义数据源：**公司名称**、**地址行 2**、**住宅电话**、**单位电话和电子邮件地址**、**省 /市 /自治区**。

6. 向数据源增加以下域：**预约日期**和**预约时间**。将**预约日期**移动到姓氏下面，然后**将预约时间移动到预约日期**下面。

7. 将数据源保存为 **prosp1**。

8. 添加以下数据记录：

收件人	预约日期	预约时间
Mr. John Smith 305 Windsor Drive Singapore 19107 Singapore	10 月 1 日	上午 9:30
Ms. June Jones 654 Fifth Avenue Singapore 19406 Singapore	10 月 3 日	上午 10:00
Mr. George Yeo 777 King Edwards Road Singapore 19108 Singapore	10 月 4 日	上午 9:45

9. 使用邮件合并收件人对话框按姓氏升序对记录进行排序。

10. 在日期下方的第二行插入**地址块**分组合并域。使用包含职务的任何收件人名称格式，并设置地址格式，使其包括目的地国家或地区。

11. 在**地址块**域下方的第二行插入**问候语**分组合并域。使用**职务和姓氏格式**。

12. 在下面第一个段落的第三行 **GreetingLine** 域的单词 **on** 之后插入 **Appt_Date** 域，然后在单词 **at** 之后插入 **Appt_Time** 域。

13. 预览合并的信件。

14. 将所有记录复制到新文档中。查看合并的文档，然后关闭文档而不保存。

15. 关闭所有打开的文档而不保存。

第 11 课

链接/嵌入对象

在本节中,您将学习以下内容:
- 插入超链接
- 将链接对象显示为图标
- 将数据嵌入为对象
- 更新链接
- 断开链接

11.1 插入超链接

💡 概念

在 Word 中,可以在当前文档中的所选文本或图像上插入超链接,链接到已有的文件或网页上,或链接到当前文档中的另一个位置。也可以创建"电子邮件地址"链接,以便在电子邮件应用中打开。

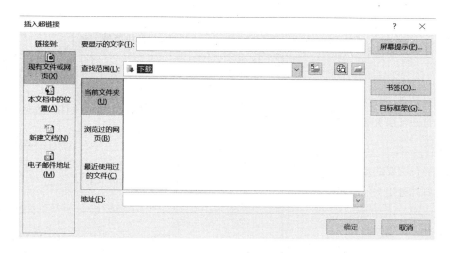

插入超链接对话框

👣 步骤

在"**student**"文件夹中打开 **WSGINFO. docx**。

插入超链接。

如有必要,请滚动并查看 **Products & Services** 段落。

1. 选择要链接的文本。 选择文本。	突出显示 **Catalog**
2. 选择**插入**选项卡。 显示**插入**选项卡。	单击**插入**选项卡
3. 在**链接**组中选择**超链接**按钮。 插入超链接对话框打开。	单击 超链接 按钮
4. 在**链接到**下,选择**现有文件或网页**。 **现有文件或网页**打开。	单击**现有文件或网页**选项
5. 选择**查找范围**列表。 打开可用驱动器列表。	单击**查找范围**
6. 如有必要,请选择包含要链接到的文件的驱动器。 将打开可用文件夹和文件的列表。	点击含有 **Student** 文件夹的驱动器
7. 选择包含要链接到的文件的文件夹。 将打开可用文件的列表。	单击 **Student** 文件夹
8. 选择要链接到的文件。 文件被选中,文件名显示在**地址**框中。	根据需要滚动并点击 **CATALOG**
9. 选择**确定**。 插入超链接对话框关闭,所选文本格式化为超链接。	单击 确定 按钮

将鼠标指向 **Catalog** 链接。请注意,屏幕提示会显示链接的路径和文件名,以及如何访问该链接的说明。当指向该链接时,按[**Ctrl**]键可注意到指针变为手形。

11.2 将链接对象显示为图标

概念

嵌入的对象是已插入到文档中的文档或其他文件。不同于单独的文件,有时将它们全部嵌入到文档中更容易。

步骤

将链接对象显示为图标。

1. 选择要插入链接对象的位置。	选择 **Catalog** 文字下面的空白行。
2. 选择**插入**选项卡。 显示**插入**选项卡。	单击**插入**选项卡
3. 在**文本**组中选择**对象**按钮。 显示**对象**对话框。	单击**对象**按钮
4. 选择**由文件创建**选项卡。 显示选项。	单击**由文件创建**选项卡
5. 选择**浏览**按钮并导航到 **Student** 文件夹。 显示**浏览**对话框。	单击**浏览**按钮
6. 选择要插入的文件。 选择要插入的文件。	根据需要滚动,然后双击 **CATA-LOG**
7. 选择**链接到文件**和**显示为图标**选项。 选择其他选项。	勾选**链接到文件**和**显示为图标**复选框。
8. 选择**确定**。 对话框关闭,文件的链接作为图标插入。	单击 确定 按钮

11.3 将数据嵌入为对象

步骤

将数据作为对象嵌入。

1. 选择要插入链接对象的位置。	选择以 **We specialize in fitness e-quipment. . .** 开头的文字下方的空白行
2. 选择**插入**选项卡。 显示**插入**选项卡。	单击**插入**选项卡
3. 在**文本**组中选择**对象**按钮。 显示插入对象对话框。	单击 对象 ▾ 按钮

（续表）

4. 选择**由文件创建**选项卡。 　 显示选项。	单击**由文件创建**选项卡
5. 选择浏览按钮并导航到 **Student** 文件夹。 　 显示**浏览**对话框。	单击**浏览**按钮
6. 选择要插入的文件。 　 选择要插入的文件。	根据需要滚动，然后双击 **SALES. xlsx**
7. 选择**链接到文件**选项。 　 选择其他选项。	勾选**链接到文件**复选框
8. 选择**确定**。 　 对话框关闭，文档作为链接对象插入。	单击 ▢ 确定 ▢ 按钮

要删除对象，请选择该对象，然后按［Delete］键。

11.4　更新链接

步骤

更新链接。

切换到 **SALES. xlsx**。将单元格 **North QTR1** 中的数字从 **25000** 改为 **35000**，然后保存并关闭文件。

1. 在要更新的链接对象上右击。 　 选择链接并打开快捷菜单。	右击插入的链接对象
2. 从快捷菜单中选择**更新链接**命令。 　 链接被更新为新信息。	单击**更新链接**命令

11.5 断开链接

步骤

断开链接。

1. 在要更新的链接对象上右击。 链接被选中，快捷菜单打开。	右击插入的链接对象
2. 从快捷菜单中选择**链接到文档对象**命令。 显示快捷菜单。	单击**链接工作表对象**命令
3. 从快捷菜单中选择**链接**。 显示链接对话框。	单击**链接**命令
4. 选择**断开链接**按钮，单击是确认。 从文档中删除文件的链接。	单击**断开链接**，然后单击是按钮

使 用 宏

在本节中,您将学习以下内容:

- 录制宏
- 运行宏
- 将宏按钮添加到快速访问工具栏
- 保存宏文档
- 删除宏

12.1 录 制 宏

💡 概念

宏用于运行之前录制的构成任务的所需步骤。要创建宏,请在 Word 中选择宏功能,给宏指定一个名称,然后录制执行任务所需的必要步骤。当任务完成后,停止录制并保存宏。选择并运行保存的宏可以自动执行任务的记录步骤。

使用宏的优点是它们可以保证运行记录任务的一致性、速度和准确性。

在创建宏之前,确保了解执行任务所需的所有步骤,以便可以准确地录制宏。

👣 步骤

在"**student**"文件夹中打开 **PHLIST1. docx**。

选择 **Regional Sales Representatives** 标题下的所有文本。

1. 选择**功能区**中的**开发工具**选项卡。 显示**开发工具**选项卡。	单击**开发工具**选项卡
2. 在**代码**组中选择**录制宏**按钮。 **记录宏**对话框打开,宏名文本框中的文本被选中。	单击 📇**录制宏** 按钮

（续表）

3. 输入所需的宏名称。 　　名称显示在宏名文本框中。	输入 SortInfo
4. 选择**将宏保存在**列表。 　　显示可用模板和文档的列表。	单击**将宏保存在** ▼ 按钮
5. 选择要存储宏的模板。 　　模板名称显示在**将宏保存在**文本框中。	单击**所有文档(Normal. dotm)**
6. 将插入点放置于**说明**框中。 　　插入点位于**说明**框中。	单击**说明**框
7. 输入所需的宏描述。 　　**说明**框中输入该文本将。	输入 Sorts by region in alphabetical order
8. 选择**确定**。 　　**记录宏**对话框关闭,鼠标指针更改为录像带。**停止录制**和**暂停录制**按钮显示在**开发工具**选项卡上的**代码**组中。状态栏上显示一个按钮,表明正在录制宏。	单击 确定 按钮
9. 执行要自动执行的步骤。 　　宏录制器记录每个命令。	按照表下方的说明操作,然后继续下一步
10. 完成录制宏后,选择**功能区**中的**开发工具**选项卡。 　　显示**开发工具**选项卡。	单击**开发工具**选项卡
11. 在**开发工具**选项卡中的**代码**组中选择**停止录制**按钮。 　　宏录制器停止。录制宏按钮再次显示,宏录制完毕。	单击 ■停止录制 按钮

执行以下步骤来创建宏：

选择**开始**选项卡，然后选择**段落**组中的**排序**按钮。

如果必要，选择标题行选项。

从**排序**列表中选择**区域**。然后从**类型**列表中选择**文字**选项（如有）。

选择**确定**关闭**排序**文字对话框。

按左箭头[←]取消选择文本。

返回到表格，继续下一步（步骤 10）。

请注意，列表现在按照**区域**列字母顺序排列。将文件保存为 **PHLIST2. docm**（作为启用宏的文档）。

关闭 **PHLIST2. docm**。

12.2 运行宏

宏对话框

步骤

打开 **PHLIST2.docx**（常规 Word 文档）。

运行宏。选择 **Regional Sales Representatives** 标题下的所有文本。

我们现在将通过运行 12.1 中记录的宏对这个文本进行排序。

1. 选择**功能区**中的**开发工具**选项卡。 显示**开发工具**选项卡。	单击**开发工具**选项卡
2. 选择**代码**组中的**宏**按钮。 **宏**对话框打开。	单击 宏 按钮
3. 从**宏名**列表框中选择所需的宏。 宏名称显示在**宏名**文本框中。	请选择 **SortInfo**
4. 选择**运行**按钮。 宏对话框关闭，运行宏。	单击 运行(R) 按钮

请注意，列表现在按照**区域**列的字母顺序排序。关闭 **PHLIST2.docx** 而不保存。完成这些步骤后，删除 **PHLIST2.docm**。

12.3 将宏按钮添加到快速访问工具栏

步骤

在"student"文件夹中打开 **LIST2.docm**。

将一个宏按钮添加到**快速访问工具栏**。

1. 选择页面左上方**快速访问工具栏**右边的**自定义快速访问工具栏**按钮。 **自定义快速访问工具栏**菜单打开。	单击 ▾ 按钮
2. 选择**其他命令**。 Word 选项对话框打开,显示**自定义快速访问工具栏**页面。	单击**其他命令**
3. 选择**从下列位置选择命令**列表。 显示可用选项的列表。	**单击从下列位置选择命令**
4. 选择**宏**。 可用宏的列表显示在命令列表框。	单击**宏**
5. 从命令中选择所需的宏列表框。 选择宏名称。	选择 **Normal. NewMacros. SortInfo**
6. 选择**添加**按钮。 该宏将添加到自定义列表框中当前按钮的下方。	单击 添加(**A**) >> 按钮
7. 选择**修改**按钮。 **修改**按钮对话框打开,显示可用的按钮图像库。	单击 修改(**M**)... 按钮
8. 选择所需的按钮图像。 选择按钮图像。	单击 ♛ (第三行,第七列)按钮
9. 如有必要,请在**显示名称**框中选择文本。 选择**显示名称**框中的文本。	三击文本 **Normal. NewMacros. SortInfo**
10. 输入所需的按钮名称。 文本显示在**显示名称**框中。	输入 **Sort Last Name**

（续表）

11. 选择**确定**。 修改按钮对话框关闭。所选按钮图像和修改的宏名称显示在自定义列表框中。	单击 [确定] 按钮
12. 选择**确定**。 Word选项对话框关闭。新的宏按钮显示在**快速访问工具栏**中。	单击 [确定] 按钮

选择包括标题在内的整个列表，并使用自定义的**快速访问工具栏按钮**运行宏 **Sort Last Name**。

请注意，信息现在按第二列（姓氏）的字母升序排列。

选择**自定义快速访问工具栏**按钮，然后选择**更多命令**。选择**自定义快速访问工具栏**框下方的**重置**按钮，然后选择**仅重置快速访问工具栏**。选择**是**，将**快速访问工具栏**重置为默认设置。单击**确定**按钮。

请注意，自定义按钮已从**快速访问工具栏**中删除。

12.4 保存宏文档

步骤

将文件保存为启用宏的文档。

1. 选择**文件**选项卡。 在**后台视图**中打开。	单击**文件**选项卡
2. 选择**另存为**。 显示选项列表。	单击**另存为**命令
3. 在文件名框中输入该文件的名称。 文件名被插入文件名框中。	输入 **AutoList**

（续表）

4. 从保存输入列表中选择文件的类型。	选择**启用宏的 Word 文档**
5. 选择**保存**按钮。 　　对话框关闭，文件以指定的格式保存。	单击**保存**按钮

关闭文件。

12.5 删除宏

步骤

在"**student**"文件夹中打开 **LIST2. docm**。

删除宏。

1. 选择**功能区**中的**开发工具**选项卡。 　　显示**开发工具**选项卡。	单击**开发工具**选项卡
2. 选择**代码**组中的**宏**按钮。 　　**宏**对话框打开。	单击**宏**
3. 从**宏名称**列表框中选择要删除的宏。 　　宏名称显示在宏名称框中。	单击 **SortInfo**
4. 选择**删除**。 　　MicrosoftWord 警告框打开，询问是否要确认删除。	单击　删除(D)　按钮
5. 选择**是**。 　　MicrosoftWord 警告框关闭。宏将从**宏名称**列表框中删除。	单击　是(Y)　按钮
6. 选择**关闭**。 　　**宏**对话框关闭。	单击　关闭　按钮

关闭 **LIST2. docm** 而不保存。

12.6 复习及练习

 使用宏

1. 打开 **MACRO. docx**。

2. 选择整个列表,从文字 **Quality Products** 开始,到 **Semi-Annual Promotions** 结束。

3. 录制一个新宏。在**录制宏**对话框中,命名宏为 **bullet** 并输入以下描述:**Creates a bulleted list**。

4. 要录制宏,请执行以下步骤:
   显示**开始**选项卡。应用选择的项目符号。
   打开**定义新的多级列表**对话框,将**文本缩进**增加到 **2.5 厘米**。

5. 单击**停止录制**按钮完成宏。

ICDL 课程大纲

参考	ICDL 任务项目	位置
1.1.1	为图形对象(图片、图像、图表、图示、绘制对象)表格应用文本环绕选项。	1.15 使用高级页面布局选项
1.1.2	使用查找和替换选项,如:字体格式、段落格式、段落标记、分页符。	1.16 使用查找和替换选项
1.1.3	使用选择性粘贴选项:带格式文本、无格式文本。	1.17 使用选择性粘贴选项按钮
1.2.1	在段落中应用行距:最小值、精确/固定值、多倍行距/比例。	1.5 创建段落样式
1.2.2	应用、删除段落分页选项。	1.18 使用段落分页选项
1.2.3	应用、修改多级列表中的大纲编号。	1.1 应用多级列表编号 1.2 修改多级大纲编号
1.3.1	创建、修改、更新字符样式。	1.3 创建字符样式 1.4 修改和更新字符样式
1.3.2	创建、修改、更新段落样式。	1.5 创建段落样式 1.6 修改和更新段落样式
1.4.1	应用多个栏布局。更改列布局中的栏数。	1.9 应用分栏显示
1.4.2	更改栏宽和间距。插入、删除栏之间的分隔线。	1.10 更改栏宽和间距 1.11 插入/移除分栏之间的分割线
1.4.3	插入、删除分栏符。	1.9 应用分栏显示
1.5.1	应用表格自动套用格式/表格样式。	3.1 应用表自动格式/样式
1.5.2	合并、拆分表格中的单元格。	3.2 拆分表格单元格
1.5.3	更改单元格边距、对齐方式、文本方向。	3.3 更改单元格边距 3.4 更改文字方向 3.5 更改文字对齐方式

（续表）

参考	ICDL 任务项目	位置
1.5.4	在每一页的顶部自动重复标题行。	3.6　每页顶部重复标题行
1.5.5	允许、不允许行跨页中断。	3.7　停止表格的跨页断行
1.5.6	按一列、多列同时对数据进行排序。	3.8　表格内排序
1.5.7	将带分隔符的文本转换为表格。	3.12　将分隔文本转换为表格
1.5.8	将表格转换为文本。	3.11　将表格转换为文本
2.1.1	在图形对象、表格下方添加题注。	9.7　插入题注
2.1.2	添加、删除题注标签。	9.7　插入题注
2.1.3	更改题注编号格式。	9.7　插入题注
2.1.4	插入、修改脚注、尾注。	9.10　插入脚注 9.11　设置注释选项
2.1.5	将脚注转换为尾注。将尾注转换为脚注。	9.12　将脚注转换为尾注
2.2.1	根据指定的目录样式和格式创建、更新目录。	7.2　创建目录 7.4　更新目录
2.2.2	根据指定的样式和格式创建图表目录。	9.8　插入图表目录
2.2.3	标记索引：主条目、项。删除标记的索引项。	8.2　创建主索引项 8.3　创建子索引项
2.2.4	更新基于标记索引项的索引。	8.7　更新索引
2.3.1	添加、删除书签。	9.1　使用书签 9.2　创建书签 9.6　删除书签
2.3.2	创建、删除交叉引用到：编号项目、标题、书签、图、表。	9.5　交叉引用到书签
2.3.3	添加对索引项的交叉引用。	8.5　交叉引用索引项
3.1.1	插入、删除域，如：作者、文件名和路径、文件大小、填充/输入。	1.12　插入域
3.1.2	在表中插入求和公式域代码。	3.9　在表中添加公式
3.1.3	更改编号域格式。	3.10　调整编号域格式
3.1.4	锁定、解锁、更新域。	1.13　更新域
3.2.1	创建、使用可用的表单域选项修改表单：文本字段、复选框、下拉菜单。	5.1　创建表单

（续表）

参考	ICDL 任务项目	位置
3.2.2	向表单域中添加帮助文本：在状态栏上可见，可按 F1 帮助键激活。	5.1　创建表单
3.2.3	保护表单、取消对表单的保护。	5.3　保护表单
3.2.4	修改模板。	5.4　将表单保存为模板
3.3.1	编辑、排序邮件合并收件人列表。	10.9　排序要合并的记录
3.3.2	插入 ask、If...Then...Else... 域。	10.13　IF-THEN-ELSE 语句
3.3.3	使用给定的合并条件将文档与收件人列表合并。	10.14　合并到新文档
3.4.1	插入、编辑、删除超链接。	11.1　插入超链接
3.4.2	将来自文档、应用和显示的数据链接为一个对象、图标。	11.2　将链接对象显示为图标
3.4.3	更新、断开链接。	11.4　更新链接 11.5　断开链接
3.4.4	将数据作为对象嵌入到文档中。	11.3　将数据嵌入为对象
3.4.5	编辑、删除嵌入的数据。	11.3　将数据嵌入为对象
3.5.1	应用自动文本格式选项。	1.7　自动调整文本格式
3.5.2	创建、修改、删除文本自动更正条目。	1.8　自动图文集
3.5.3	创建、修改、插入、删除自动图文集。	1.8　自动图文集
3.5.4	录制一个简单的宏，如：更改页面设置、插入带有重复标题行的表、在文档页眉页脚中插入字段。	12.1　录制宏
3.5.5	运行宏。	12.2　运行宏
3.5.6	为宏分配工具栏上的自定义按钮。	12.3　将宏按钮添加到快速访问工具栏
4.1.1	打开、关闭修订模式。使用指定的显示视图追踪文档中的更改。	4.1　启用修订模式 4.2　设置修订选项 4.3　禁用修订模式
4.1.2	接受、拒绝文档中的更改。	4.6　接受/拒绝所有修订
4.1.3	插入、编辑、删除、显示、隐藏批注/备注。	4.7　插入批注 4.8　管理批注 4.9　查看和浏览批注

（续表）

参考	ICDL 任务项目	位置
4.1.4	比较和合并文档。	4.4 比较文档
4.2.1	通过从大纲视图创建子文档来创建新的主控文档。	6.1 使用主控文档
4.2.2	插入、删除主控文档中的子文档。	6.2 插入子文档
4.2.3	使用文本大纲/导航选项：升级、降级、展开、折叠、向上、向下移动。	6.3 折叠/展开子文档
4.3.1	添加、删除文档的密码保护：打开、修改。	1.19 保护 Word 文档
4.3.2	保护文档，使其仅允许追踪修订或批注。	4.6 接受/拒绝所有修订
5.1.1	创建、修改、删除文档中的分节符。	2.1 分节符概念
5.1.2	更改页面方向、页面垂直对齐方式、文档各节的页边距。	2.3 改变页面方向 2.4 改变节的页边距
5.2.1	将不同的页眉和页脚应用于文档中的各节、第一页、奇数页和偶数页。	2.5 应用不同的页眉和页脚
5.2.2	添加、修改、删除文档中的水印。	1.14 创建水印

恭喜！您已经完成了 ICDL 高级文字处理课程的学习。

您已经了解了文字处理软件的关键高级技能，包括：

● 应用高级文本、段落、栏和表格式。

● 使用引用功能，如脚注、尾注和题注。

● 通过使用域、表单和模板提高生产率。

● 使用链接和嵌入功能来集成数据。

● 处理文档中的水印、节、页眉和页脚。

达到这一学习阶段后，您现在应该准备好进行 ICDL 认证测试。有关进行测试的更多信息，请联系您的 ICDL 测试中心。